레이저 토닝

이 론 과　실 제

레이저 토닝

발 행 일 2024년 12월 12일
저 자 김일환
발 행 인 윤주원
발 행 처 정우의학서적
편집디자인 진혜리
등 록 제 319-2005-4
주 소 (06910) 서울시 동작구 흑석로 13가길 33
전 화 (02) 822-1361
팩 스 (02) 822-1378
이 메 일 ketmowo@hanmail.net
I S B N 979-11-90050-18-0 93510
정 가 35,000원

레이저 토닝

이 론 과 실 제

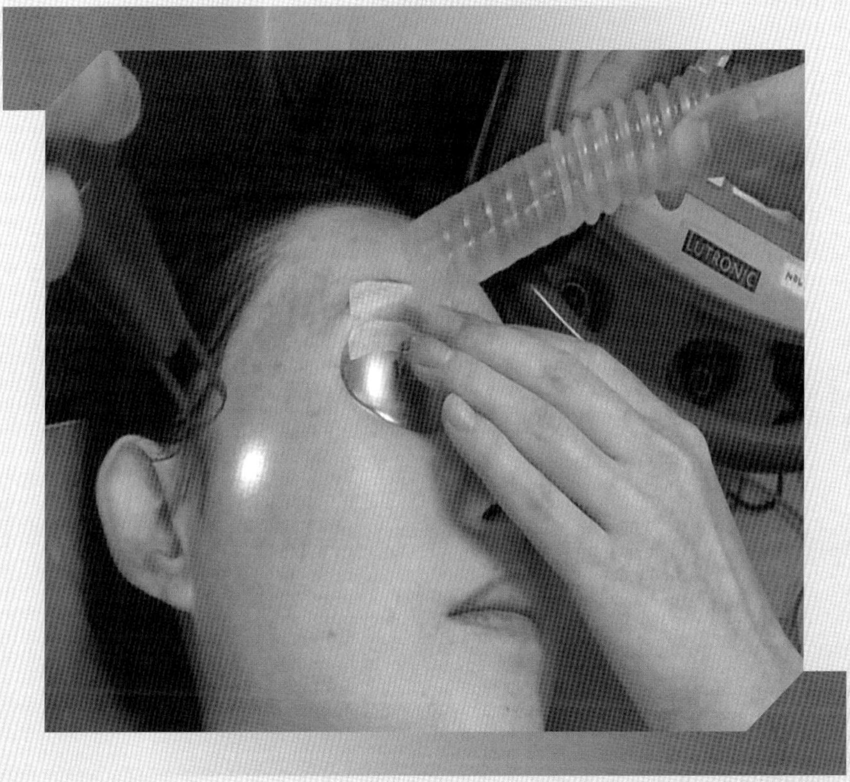

김일환

고려대학교 의과대학 피부과학 교수

저자 주요 이력

1978년 3월 - 1984년 2월 고려대학교 의과대학 의학학사

1985년 3월 - 1987년 2월 고려대학교 대학원 피부과학 의학석사

1988년 3월 - 1995년 8월 고려대학교 대학원 피부과학 의학박사

1984년 3월 - 1988년 1월 고려대학교 의료원 인턴 및 전공의 수료, 전문의

1988년 2월 - 1991년 4월 군의관 군무 공군 대위

1995년 - 1996년 고려대학교 안산병원 피부과 전임의

1999년 - 2000년 미국 켄터키 루이빌 의대 피부과학 교실 해외연수
Dermatologic surgery and Mohs research fellow

1996년 - 2000년 고려대학교 안산병원 피부과 조교수

2000년 - 2005년 고려대학교 안산병원 피부과 부교수

2002년 - 2003년 고려대학교 안암병원 피부과 순환근무

1995년 - 2019년 고려대학교 안산병원 피부과 과장

2006 년 2월 - 2006 년 3월 미국 마이애미 의대 코스메틱 센터 해외연수
International cosmetic fellowship program

2005년 - 2025년 2월 고려대학교 의과대학 피부과학 교실 정교수

이 책은 김일환 교수의 2025. 2. 28 정년을 기념하기 위한 출판물로 그 동안의 연구물 중 레이저 토닝과 피부레이저 관련 업적물을 정리하였다.

목차

|제1장|
서 론

2008년부터 시작한 Conventional vs. Contemporary in Laser Medicine and Surgery(CCLMS) 학회는 전통적인 레이저 치료 흐름과 최신 세계 레이저 치료 트렌드를 함께 비교 고찰할 수 있도록 세계적인 전문가들이 정보를 공유하기 위해 마련된 국제학회로, 강한피부과 강진수 원장, 고대안암병원 성형외과 박승하 교수, 고대안산병원 피부과 김일환 교수(첫줄 우측끝), 박재우성형외과 박재우 원장, 종로S&U피부과 여운철 원장, 분당서울대병원 성형외과 허찬영 교수, 강북삼성병원 피부과 김원석 교수, 임상의학박사 Dr. R.Glen Calderhead 등이 참여하여 만든 학술연구 모임에서 발전한 학회였다. ㈜루트로닉(대표이사 황해령)이 후원하였고 위 사진은 2010년 학회의 주요 참가자 사진이다. 2010년 CCLMS학회의 주제는 기미의 레이저 치료로 내용은 다음과 같다. 새로운 기미치료 기법으로 일반인에게도 잘 알려져 있는 '레이저 토닝'의 임상연구결과에 대한 종로S&U피부과 여운철 원장의 리뷰 발표는 루트로닉의 스펙트라 장비로 진행된 지난 수년간의 임상경험과 고대안산병원 피부과 김일환 교수의 기초 임상연구 결과에 대한 명쾌한 해답을 주었다. 김일환 교수가 세계 최초로 '레이저 토닝' 기미치료에 대한 임상기전을 밝히고 새로운 개념의 Subcellular Selective Photothermolysis 레이저 이론을 정립한 것은 국내외 학계의 주목을 받기에 충분하였다.

(출처 https://bktimes.net/detail.php?number=30661&thread=30r14)

Periscope

Med Laser 2016;5(1):58-60
pISSN 2287-8300 · eISSN 2288-0224

MEDICAL LASERS

Laser and Light Treatment in Asian Skin: Practical Approaches: a New Textbook for Laser Practitioners Dealing with Asian Patients

Soo Il Chun[1]
Il-Hwan Kim[2]
R Glen Calderhead[3]

[1]Chunsooil Skin Clinic, Seoul, Korea
[2]Department of Dermatology, Korea University Ansan Hospital, Korea University College of Medicine, Ansan, Korea
[3]R&D Division, Lutronic Corp, Goyang, Korea

Received June 3, 2016
Accepted June 5, 2016

Correspondence
Il-Hwan Kim
Department of Dermatology, Korea University Ansan Hospital, 123 Jeokgeum-ro, Danwon-gu, Ansan 15355, Korea
Tel: +82-31-412-5986
Fax: +82-31-412-5985
E-mail: kumcihk@korea.ac.kr

Key words
Laser; Light; Book review; Asian skin

이 책은 아시아인 피부 타입이 가진 특성을 이해하고 치료하는 데 도움을 주기 위해 CCLMS(Conventional & Contemporary in Laser Medicine and Surgery)에서 기획되었으며, 한국의 저명한 임상의사와 연구자들이 집필에 참여하고 2016년 5월 군자출판사에서 발간하였다.

책의 주요 내용으로 색소질환, 피부재생, 여드름과 흉터, 모발/혈관질환 등을 다루고 있는데 그 중 색소질환에 대해서는 색소질환의 원인과 치료 방법을 다루며, 저자가 연구한 Subcellular Selective Photothemolysis 개념 즉, 멜라닌을 포함한 세포를 살리면서 색소만 제거하여 탈색소반이나 PIH를 방지할 수 있는 기술로 소개하고 있다.

이 책은 아시아 피부 타입의 특성과 관련된 색소질환 뿐만 아니라 다른 피부 유형에도 적용할 수 있는 유용한 개념들을 제공하여, 전 세계 피부과 의사들이 참고할만한 가치가 있는 자료로 평가된다고 저자 중 한 분인 Glen Calderhead 박사의 서평이다.

2019년 4월 피부과학 레이저 분야에서 최고의 권위를 자랑하는 세계적인 학회인 미국 레이저의학회(ASLMS) 39차 연례회의 총회에서 최우수구연 발표 논문상과 전체발표에서 최우수 구연상(Best Overall Abstract Award Winner)을 수상하였다. 이 연구는 이세라 석사가 제1저자로 발표했으며, 연구 결과 진피 깊이별 열에너지 세기별 회복 과정의 분자생물학적 차이가 존재했다.

또한 손상이 심할수록 TGF-β가 증가하고 콜라겐이 다량 합성되어 8주간 지속 증가하나 MMP도 증가하여 결국 섬유화 과정이 촉진됨을 확인하였다. 따라서 이상적인 피부회춘술은 이를 적절히 조절하여 섬유화를 최소화 하여야 함을 밝혔다. 즉, 열에너지가 콜라겐에 주는 영향은 이미 많은 연구를 통해 입증된 바 있으나, 이번 연구를 통해 기기별 그 작용 기전을 잘 이해하게 되었고 적절한 파라미터를 찾아 치료하는 것이 매우 중요함을 확인했다. (출처: 2019.4.25 의학신문)

2020년 제40차 ASLMS Virtual 연례회의 총회에서 ASLMS에 발표해 분야별 최우수 구연 발표상(Best of Session Abstract Award ePoster Winner)을 수상했다. 코로나19의 확산으로 인해 온라인으로 진행했다. 이번 연구의 제1저자 박지현 원장은 "에너지 종류별, 세기별 피부 멜라닌 전구세포에 미치는 영향을 중심으로 색소 질환의 치료 효과와 재발의 억제 기전을 객관적인 방법(멜라닌 세포 수와 면적 측정, 조직검사, 면역화학염색)으로 분석했다"고 했다. 8주간의 제브라피쉬 동물실험을 이용하여 연구한 결과, 레이저의 횟수나 에너지 세기별로 피부 내 멜라닌 세포의 사멸 이후 재생에 차이가 있음을 확인했다. 그 결과, 멜라닌 전구세포가 특정 에너지 레벨 이상에서는 치료 직후에 감소하며 장기적인 색소의 제거에는 짧은 간격으로 반복적인 레이저 조사가 필요함을 밝혔다. 이번 연구를 통해 이상적인 색소 이상증의 재발 없는 치료를 위한 근거를 제시한 것이다. "에너지 기반 피부 색소 질환 치료에서 피부 레이저의 열에너지가 멜라닌세포에 주는 영향을 입증한 바 있으나, 이번 연구를 통해 재발에 핵심이 되는 멜라닌 전구세포에 미치는 레이저의 작용 또한 이해하게 됐고 적절한 파라미터를 찾아 치료하는 것이 매우 중요함을 확인했다" (출처: 2021년6월7일, 헬쓰조선)

1. 배경

1. 레이저토닝의 이론적 기반 연구

1) 개념 제안과 연구 필요성

레이저 토닝 개념이 처음 언급된 논문: Goldberg D, Metzler C. Skin resurfacing utilizing a low-fluence Nd:YAG laser. J Cutan Laser Ther. 1999;1:23-7. 이 논문에서 저자는 저출력 Nd:YAG 레이저 치료법이 효과적인 피부 resurfacing 방법으로, 주름 개선, 피부 질감 향상, 색소 침착 치료 등에 유효한 대안이 될 수 있음을 보고하였다. 또한, 기존의 고출력 레이저에 비해 회복 시간이 짧고, 부작용이 적은 안전한 방법임을 강조하면서 향후 피부 미용 및 치료에서 중요한 역할을 할 가능성이 크다고 주장하였다.

저자는 2008년 처음으로 기미에 대한 레이저 토닝 방식을 연구하여 아래의 개념으로 발표하였다. Kim IH. Minimized selective photothermolysis: new modality for melasma treatment』, International Master Course on Aging Skin (IMCAS ASIA) (2008) July 13-15, Singapore.

2) 기미 등 난치성 피부색소질환의 새로운 치료법으로서 Q-switched Nd:YAG 레이저를 이용한 '레이저 토닝(laser toning)' 이라는 치료법이 도입되어 임상에서 소개된 이후 현재 가장 널리 사용되고 오랜 시간이 경과되었으나 그 기전부터 임상적 효과 그리고 최신 연구까지 종합적으로 총정리한 단행본은 찾기 어렵다.

저자가 2008년 국내 처음으로 대한피부과학회지에 임상 경험을 발표한 이후 레이저 토닝의 기전과 유효성, 안전성에 대한 연구를 지속하여 치료의 핵심 개념으로 SSP(Subcellular Selective Photothermolysis) 기전을 정립하였다. 그리고 현재는 레이저 토닝이 기미 등 색소질환의 치료뿐만 아니라 동양인 피부의 광노화의 색소침착을 개선하고 진피재생을 촉진하는데 있어 가장 안전하고 유효한 방식으로 널리 사용하게 되었다.

2. 동향

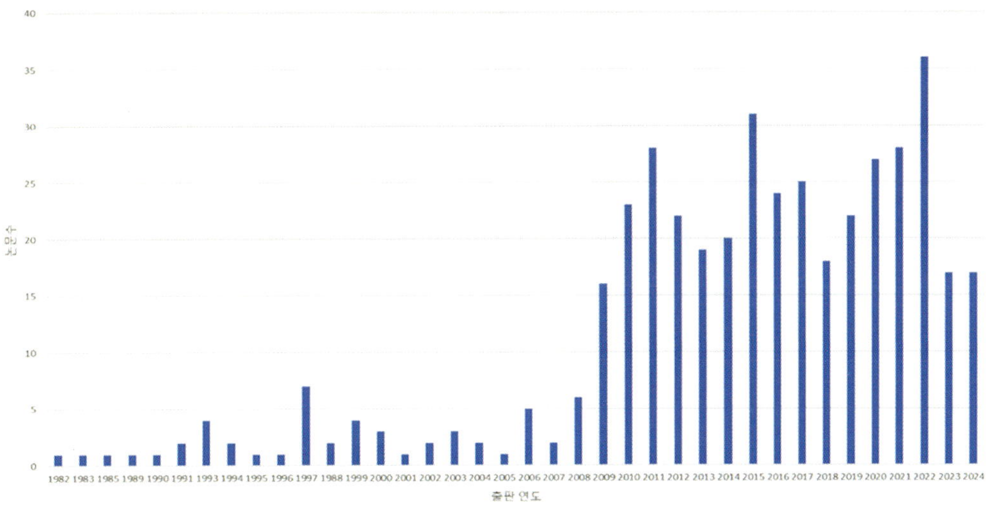

표 | 1982년 이후 연도별 PubMed 에 발표된 QSNYL 논문들. 레이저 토닝의 개념과 기전 그리고 임상 효과가 알려진 2008년 이후 폭발적으로 증가된 양상을 보인다.

3. 레이저 토닝의 정의

아시아인 색소질환 대상 치료법의 기본개념이 피부레이저 치료의 기본 개념인 SP(SPTL, Selective Photothermolysis)이론과 다른 점은 아래와 같다.

1) 레이저 치료의 기본 개념: SP (Selective Photothermolysis, SPTL)

Primary target = melanosome, 0.25J, 1J, 3J in animal data

No data on 1.0J~3.0J fluence, No data on human esp. Asian skin

No data on 3D ultrastructural changes

Anderson, R. R., & Parrish, J. A. (1983). Selective photothermolysis: precise microsurgery by selective absorption of pulsed radiation. Science, 220(4596), 524-527. JID 1989; 93:28~32, JID 2010;130(9):2333~5

2) 레이저 토닝 치료의 기본 개념: SSP (Subcellular SPTL) (아래 모식도)

Primary target = melanin & melanosome itself, 1.0J~3.0J in human data

1.4~2.0J ns → selective melanosome lysis without cell death

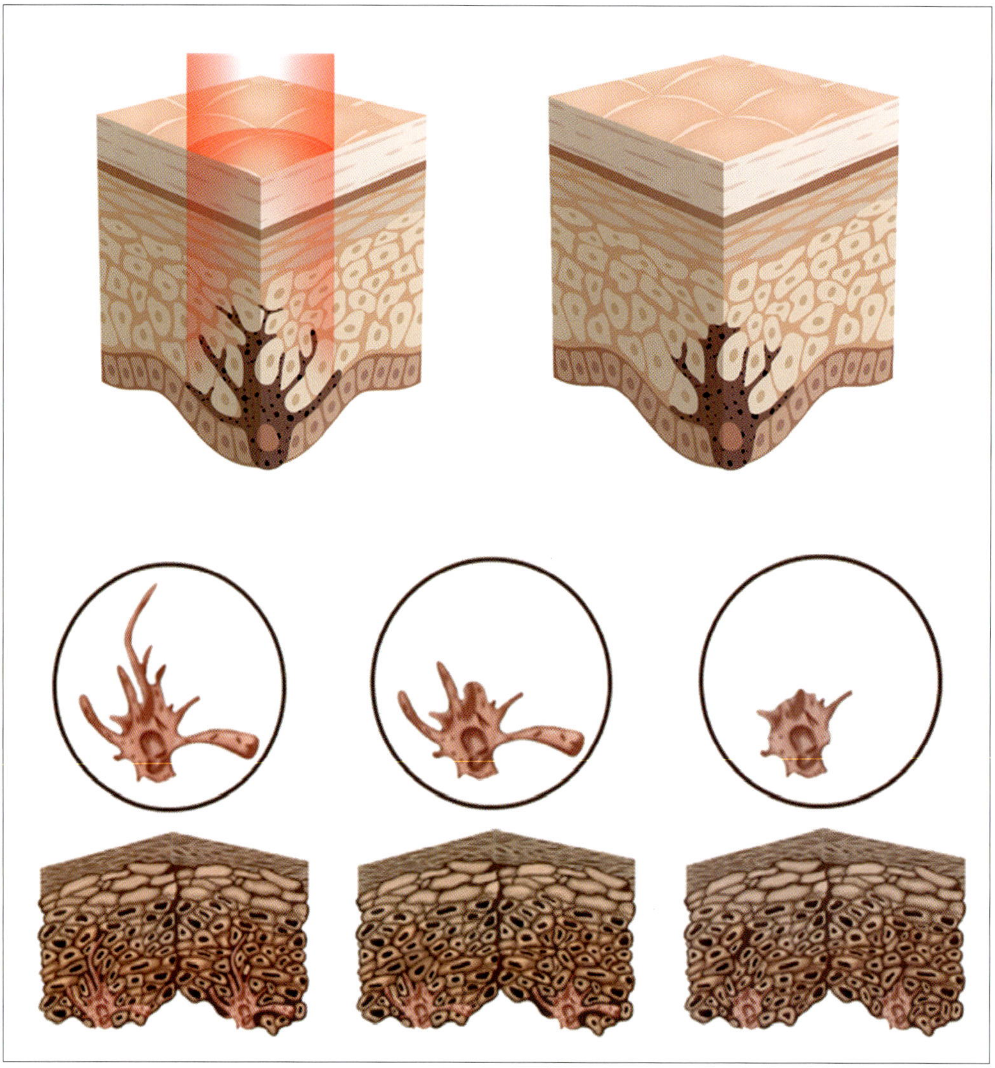

그림 I 피부 세포수준에서의 레이저 토닝 후 멜라닌색소세포의 변화 과정

TEM, 3D ultrastructural changes data

Data on human esp. Asian melasma skin

3) 레이저 토닝 표준 치료법에 적합한 레이저의 조건들

Q-switched Nd:YAG laser: <5 nanosecond, Fluence: 1.4~2.0J/cm2 depending on the spot size of the laser, Spot size 6~10mm, Beam profile: Flat-top, Collimated, Frequency: 5~10 Hz, Treatment interval: 2 weeks

10%-15% overlap between the two pulses. Endpoint-faint erythema (2~4 passes), Total 10~12 sessions with a biweekly interval.

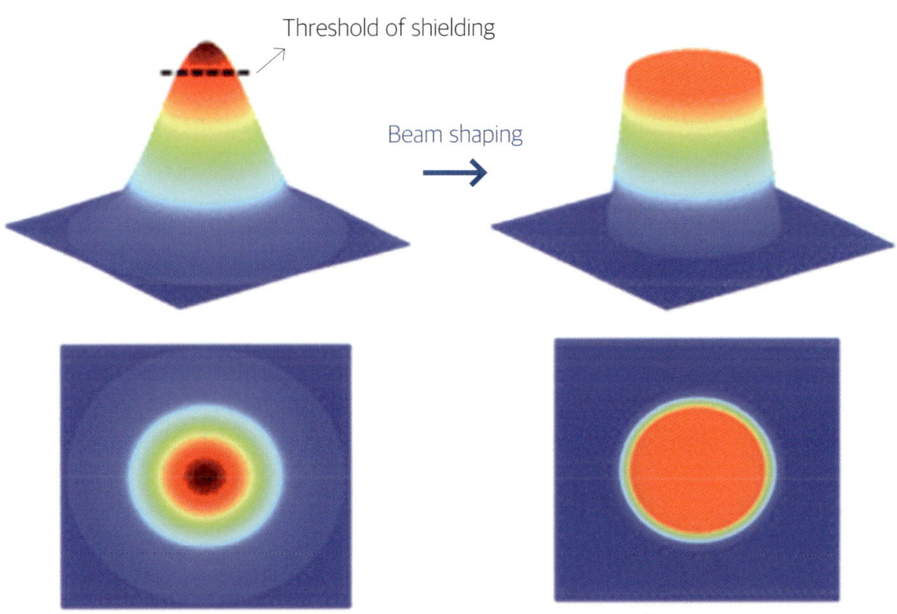

(a) Gaussian (b) Flat-top

출처: J. Anal. At. Spectrom., 2020, 35, 1671-1677

레이저 빔의 형태가 일반적인 가우시안 모양보다 Flat-top 모양일 때 일정한 세기를 보인다.

|제2장|

색소질환 치료용 레이저의 개발과 국내 도입의 역사

1. Q-switched 레이저 개발 역사

Q-switched 레이저는 고출력 펄스 레이저를 구현하는 기술로, 매우 짧은 시간 동안 고에너지를 방출해 피부 표면의 특정 색소를 파괴하는 데 사용한다. 특히 피부과 치료에서 색소성 질환, 문신 제거, 기미 등의 치료에 널리 활용되고 있다.

1960년대: 레이저의 에너지를 짧은 펄스 형태로 방출하도록 설계되어 Q-switched Ruby laser, Q-switched Alexandrite laser, Q-switched Nd:YAG laser 가 개발되었다.

1970~1980년대: SP 개념이 발표되고 이를 이용한 기술이 의료용으로 상용화되어 주로 문신 제거나 색소성 병변 치료에 시도하였다.

1990년대: Q-switched Nd:YAG 레이저가 다양한 색소성 질환과 타겟 멜라닌을 효과적으로 치료할 수 있는 대표적인 장비로 널리 사용되기 시작하였다. 우리나라에도 Q-switched 레이저가 본격적으로 수입되어 초기에는 주로 문신 제거나 일부 피부 질환 치료에 사용되었다. 초창기에 회사가 제공하던 고출력 파라미터로 치료하면 점상 출혈이 발생하고 염증 후 색소 침착이 생기는 등의 문제점들이 있었다. 그러나 고장이 적고 내구성이 좋으면서 상대적으로 저렴한 가격 등으로 피부과 개원의들을 중심으로 널리 보급되기 시작하였다.

1999년 레이저 토닝 개념이 처음 언급된 논문이 발표되었다. Goldberg D, Metzler C. Skin resurfacing utilizing a low-fluence Nd:YAG laser. J Cutan Laser Ther. 1999;1:23-7. 이 논문에서 저자는 저출력 Nd:YAG 레이저 치료법이 효과적인 피부 resurfacing 방법으로, 주름 개선, 피부 질감 향상, 색소 침착 치료 등에 유효한 대안이 될 수 있음을 보고하였다. 또한, 기존의 고출력 레이저에 비해 회복 시간이 짧고, 부작용이 적은 안전한 방법임을 강조하면서 향후 피부 미용 및 치료에서 중요한 역할을 할 가능성이 크다고 주장하였다.

2000년대: Q-switched 레이저는 적응증이 확대되면서 우리나라에서 점점 더 널리 사용되기 시작했고, 국내 레이저 회사들이 경쟁적으로 국산 장비들을 개발하면서 산학연 연구가 활발히 시도되었다. 특히 기미와 같은 다양한 색소성 질환 치료에서 PIH를 염려하여 저출력 에너지를 이용하는 레이저 토닝이란 방법이 시도되었다. 또한, carbon을 얼굴에 바르고 시술하는, 'Soft Laser Peeling' 등 방법이 개발되어 많이 활용되었다. 저자도 루트로닉의 SPECTRA

VRM III 장비를 제공받아 LF 방식의 레이저 토닝 방식으로 임상 및 연구를 시작하였다. 저자는 2008년 처음으로 기미에 대한 레이저 토닝 방식을 연구한 임상연구를 아래의 개념으로 발표하였다. Kim IH. Minimized selective photothermolysis: new modality for melasma treatment』, International Master Course on Aging Skin (IMCAS ASIA) (2008) July 13-15, Singapore. 이후 그 기전에 대한 기초 및 동물실험 연구를 통해 피부 손상을 최소화하면서 멜라닌을 선택적으로 제거하는 레이저 토닝의 기전을 발견하고 이를 레이저 토닝의 기전으로 정립하게 되었다. Subcellular Selective Photothermolysis (SSP)기전에 대한 이해와 그 기전을 기반으로 한 임상연구 등으로 유색인종에서 보다 안전하고 효과적으로 사용하게 되면서 국내외적으로 큰 인기를 끌게 되었다. 2010년 이후 대한민국은 색소질환에 대한 피부과 레이저 치료 기술의 선도 국가 중 하나로 자리 잡게 되었다.

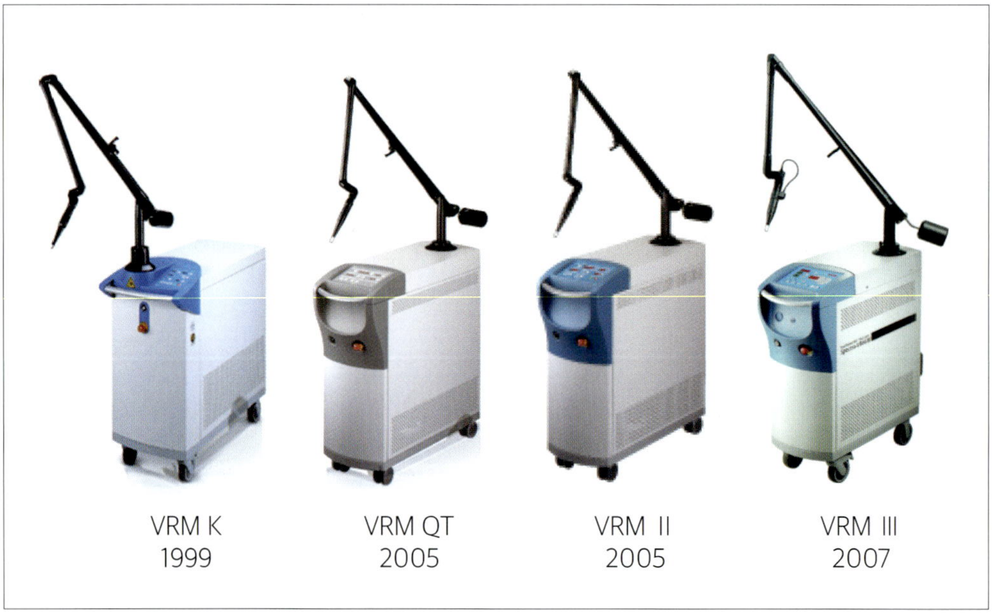

그림 | ㈜ 루트로닉 SPECTRA VRM K(1999) ~ VRM III(2007)

2010년대 이후: 환자의 피부 타입에 맞춘 맞춤형 치료로 발전하고 Subcellular Selective Photothermolysis (SSP) 기전에 따른 레이저 토닝 치료법이 정립되었다. Spectra VRM III 모델은 이전 보다 20% 상향된 에너지 출력 모델로서 collimated handpiece를 이용하여 레이저 토닝 시술의 편리성과 보다 안정적인 임상결과를 도출할 수 있는 기술사양으로 업그레이한 모델이다. 기미 레이저 토닝 연구와 실제 임상 활용을 본격적으로 광범위하게 진행된 첫 모델이다. 이 후 기술 개발을 더 진행하여 Spectra XT 모델이 개발되었다. 더 높아진 energy 출력사양 외 10mm spot size, 추가적으로 탑재된 PTP mode, Gold handpiece, Ruvy touch handpiece 등 Q-switched Nd:YAG laser 원천기술을 다양한 임상활용 영역으로 확장한 모델이다. 가장 최신 모델은 Hollywood Spectra로 Hypersurge resonator 기술로 한층 업그레이드된 beam Profile 외 gentle함과 동시에 powerful한 tissue interaction으로 향상된 임상 결과 도출이 가능한 모델로 개발되었다. Picosecond Laser에만 적용된 fractional feature인 MDF(Multi Depth Fractional) 핸드피스 추가를 통해 콜라겐재생을 위한 임상적응증 확대 외 세분화된 sub pulse train 설계의 PTP+ 모드를 추가하여 다양한 기미 컨디션에서 다양한 laser toning program 활용이 가능해졌다.

Q-스위치 레이저와 함께 화학적 필링, 미백제, 경구 약물 등이 결합된 복합치료법이 시도되면서 기미 치료의 효과를 더욱 높이고 부작용을 줄이기 위한 방향으로 발전하고 있다.

2. Pico laser 도입 역사

2020년대 이후 피코 레이저가 개발되어 532nm를 표재성 색소질환들에 photoacoustic mode 로 사용하여 치료하는 매우 효과적인 치료법이 가능하게 되었고 이를 기존의 레이저 토닝 방법으로 활용되어 널리 사용되고 있다.

현재 기미 치료의 한 방법으로 정립된 레이저 토닝의 표준은 나노초를 이용한 방식이지만 피코초 레이저가 널리 상용화 된 이 후 피코초(ps) 범위의 펄스를 가진 짧은 펄스 레이저가 더 널리 사용되고 있다.

주요 기전은 nanosecond Q-스위치 레이저의 작용 기전인 SSP와 달리 광역학적(photomechanical) 또는 광음향(photoacoustic) 효과로 세포내 멜라노좀이 파괴되어 대식세포 및 다른 식세포에 의해 제거된다. 피코초 레이저는 고출력에서 멜라닌뿐만 아니라 헤모글로빈에도 상대적으로 잘 흡수되므로 조직학적으로는 진피하 출혈이 확인된다. 따라서 부작용을 줄이기 위해 저출력 방식이 필수적이다. 피코초 펄스는 나노초 펄스에 비해 더 많은 광기계적 효과를 일으키고, 광열 에너지의 국소화를 더 잘 이루어 낸다. 높은 출력의 레이저 치료에서 전체 세포를 파괴하는 것과 달리, 저출력 피코초 레이저 토닝은 세포 전체를 손상시키지 않고 세포 내 멜라닌 입자만을 파괴할 만큼의 에너지를 전달한다. 이는 멜라닌을 반적으로 감소시키면서 기미의 악화나 저색소침착을 유발하지 않는 방식이다. 일부 연구들에 이 치료 방식이 최소한의 부작용으로 효과적일 수 있다고 제시하지만, 구체적인 기전 연구가 제시되지 않고 개별 연구의 규모가 작고 연구 설계가 달라 증거가 명확하지 않다.

최근 A split-face 기미 치료 연구로 Lasers Med Sci 2018;33:1733-8에 보고된 내용은 picosecond alexandrite laser 와 Q-switched Nd:YAG laser를 비교하였는데 Q-switched Nd:YAG laser를 이용한 연구들에서 보이는 치료후 과색소침착이나 재발 등이 picosecond laser 에서는 덜하고 기미 병변이 더 빠르게 제거되는 결과를 보고하고 있다. 또 한국인 여성 기미 환자를 대상으로 저플루언스 피코초 1,064nm Nd:YAG 레이저를 사용한 피코토닝 기법의 효능과 안전성에 관한 연구들이 보고되었다. 그러나 이런 연구들의 한계는 연구 설계가 피코토닝 기법만을 이용한 치료 프로토콜에 대한 후향적 연구라는 점, 환자 수가 적다는 점, 치료 종료 후 장기 추적 데이터가 부족하다는 점 등이다. 앞으로 기미 치료에 있어 피코토닝이 표준 치료법이 되려면 이의 효과를 나노토닝과 비교한 연구들 또는 국소 치료 옵션과의 비교를 포함하여 대규모 전향적 연구가 필요하다.

3. 레이저 토닝의 적응증과 활용 현황

현재 적응증들과 응용: 국내 유명 포털을 통해'레이저 토닝'을 검색해본 결과 많은 피부과에서 기미개선, 모공축소, 모공개선, 염증성 여드름에 사용을 하고 있는 것으로 광고를 하고 있고 심지어 토닝 전문 의원들과 기업형 병원도 등장하고 있다. 그러나 상업적 접근은 레이저 토닝의 정확한 과학적 근거와 임상적 효과 등을 오도하기 쉽다. 따라서 의학적 기준으로 적응증에 적합하지 않은 과대광고와 오남용의 문제점이 현존하고 있다.

|제3장|
레이저 토닝의 개념과 연구

이론적 배경과 효과, 개념을 확립하고자 시행한 두 번의 기초 및 임상 연구를 시행하였다. 저자가 밝힌 작용기전과 관련한 기초 및 임상연구를 진행한 경험을 종합하여 아래에 기술한다.

1. 배경

레이저가 개발된 후 2000년대 초까지도 기미 등 색소질환에 대한 레이저 치료는 추천되는 치료법이 아니었다. 그 이유는 색소를 선택적으로 파괴하기 위해 510 nm, 694 nm, 755 nm, 1,064 nm의 네 가지 파장이 이용되었는데, 이 네가지 파장의 레이저 모두 염증후색소침착이 발생하였기 때문이다. 진피의 색소까지 고려하면 1,064 nm가 가장 적합한 파장이지만, 당시에는 기술적 한계로 높은 fluence를 사용하여 과색소침착 등의 문제가 발생하였다. IPL을 이용하여 좋은 결과를 보인 경우가 있었으나, IPL 치료 중 발생하는 열에 의한 손상 자체가 오히려 과색소침착을 유발할 수 있는 가능성이 있으므로 모든 환자에 같은 효과가 나타나지 않는다. 결국, 치료 전후에 멜라닌세포의 기능을 억제하는 국 소복합제제가 필요하고 예측이 어려운 문제점이 있다. Q-switched ruby와 Q-Switched Nd : YAG 레이저를 이용한 치료에서도 증상이 악화되는 경우가 많았다. 2005년 이후, Fractional Photothermolysis 개념에 기반한 새로운 레이저가 도입되어 난치성 기미 등 색소질환에 많은 기대를 안고 시도되었다. Microthermal coagulation zone에 의한 기저 멜라닌세포와 각질세포의 표피 진피 부분을 응고시켜 약 20% 정도 부위에서는 제거가 되어 치료효과를 보일 수 있다. 그러나 보고된 임상 연구에서 무작위 대조군 연구가 없었고 일부 소규모 연구에서 난치성 기미에서 시도할 수는 있고, 약 30% 정도에서 효과가 없고 염증후과색소 침착이 발생하는데 low energy, low density를 이용하는 방법으로 그 효과를 높일 수 있다고 주장하고 있었다. 하지만 이는 아직 검증되지 않았고, 역시 비선택적인 치료법으로서의 한계를 벗어날 수 없다고 생각한다. 결국 레이저 치료에 의한 과도한 염증후색소침착을 극복하지는 못하였다. 저자는 일부 개원가에서 기미 치료에서 Q-Switched Nd:YAG 레이저를 이용한 '레이저 토닝'이라는 용어가 사용되기 시작하였다. '토닝'이라는 용어는 스킨 톤을 맑게 해준다는 의미를 갖는 일반적인 용어로 널리 사용해 왔으나, 과학적 문헌에는 주름 치료를 위한Nonablative 레이저를 이용한 피부 재생(skin rejuvenation, dermal remodeling, dermal toning)의 의미로 2002년도에 처음 등장하였다 (Semin Cutan Med Surg. 2002 Dec;21(4):238-50). 2006년경 한국의 개원가에 Q-switched NYL 토닝이란 방법이 발표되고 관심을 끌었다. 세계 최초로 레이저 토닝

이란 개념이 언급된 논문은 Goldberg D와 Metzler C의 Skin resurfacing utilizing a low-fluence Nd:YAG laser. J Cutan Laser Ther. 1999;1:23-7 이다. 일반적으로 피부 토닝 이란 피부색을 밝게 하여 회춘효과를 보이는 경우에 사용되는 용어이다. 레이저 토닝이란 용어도 레이저를 이용하여 피부색을 밝게 한다는 점에서 사용되었다. 저자도 2007년경 Low fluence Q-SNYL 치료법을 접하고 그 효과를 확인하고자 다수의 환자들을 대상으로 임상 연구를 처음 시도하였다. 그리고 그 결과를 IMCAS ASIA 2008년7월 싱가포르 학회에서 발표한 바 있다. 당시에는 그 기전에 대한 기초 연구가 없었기에 이 효과를 설명하기 위해 Minimized Selective Photothermolysis(MSP)라는 개념으로 해석하고 발표하였다. 이에 저자는 색소성 병변의 치료에 있어'레이저 토닝'이라는 용어를 학문적 용어로 정립하기 위한 이론적 개념 정립과 임상 연구가 필요하다고 생각하였다. 즉, Q-switched Nd:YAG 레이저를 색소질환의 치료에 이용하는 경우 멜라닌과 멜라닌소체를 선택적으로 제거할 수 있는 선택적 광열분해(selective photothermolysis)의 개념이 이미 정립되어 있기 때문에 낮은 에너지를 이용한 열손상을 최소화하는 개념을 추가해서 Minimized Selective Photothermolysis(MSP)로 해석하였으나 과학적 근거 필요하였다.

유색인종 특히 아시아인의 기미 치료에서 활동상태의 멜라닌세포를 덜 자극하면서 멜라닌소체에 함유된 멜라닌을 제거하기 위해서는 열이완시간(thermal relaxation time)을 줄이고, 열손상을 최소화해야 한다. 선택적 광열분해를 이루려면 3가지 요소가 필요하다. 우선, 목표에 선택적인 파장으로 열 에너지가 목표를 파괴시키기에 충분하게 한정되면서 주변 조직에 손상이 적도록 펄스 폭(pulse width)이 최소화되어야 한다. 즉, 멜라닌소체를 파괴하는 것보다는 멜라닌소체 안에 함유된 멜라닌에 적합한 펄스 폭과 펄스 시간이 필요하므로 이를 이루기 위해서는 열이완시간(<10ns)도 줄어야 하고, 펄스 폭(<10us)도 더 짧아야 한다. 따라서 불가역적 손상이 일어나는 기화(100도 이상)를 유지하려면 기존의 pulse peak power보다는 높이고 펄스 시간은 보다 줄여야 선택적으로 멜라닌 제거가 가능하다. 조사된 레이저와 흡수되는 조직간 상호작용에서 레이저는 목표 조직에 흡수되는 에너지 속도에 따라 다른 효과를 나타나며 기미 치료에 필요한 것은 광열효과는 낮고 photomechanical effect는 높은 것이다. 이러한 parameter를 맞출 수 있는 높은 peak power, 짧은 펄스인 top hat beam mode 방식의 Spectra-VRM II, III(Lutronic, Korea) 같은 레이저가 2005년 이후 개발되었다.

2. 임상 연구

레이저 토닝법의 임상 연구결과는 대한피부과학회지 2008;46(9):1163~1170에 국내 처음 발표하였으며 그 결과는 다음과 같다.

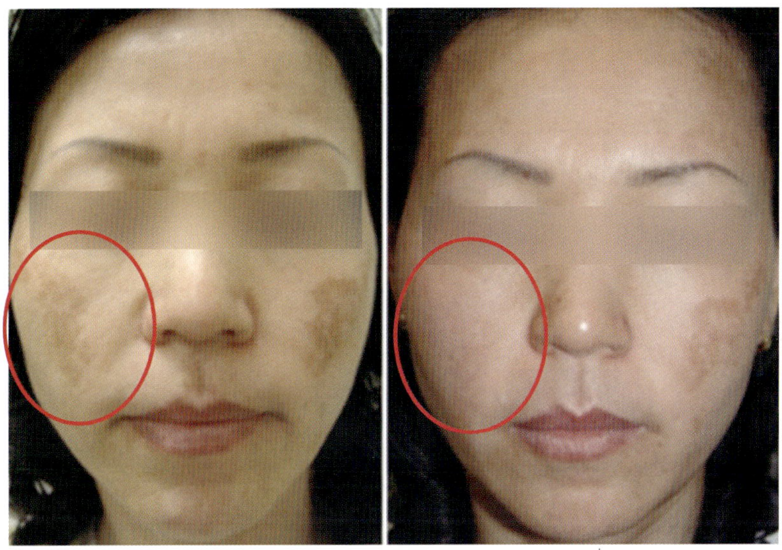

Before　　After 7th LT

x7(1/2wks), Spectra VRM laser toning, 1.4~2.0J/cm^2

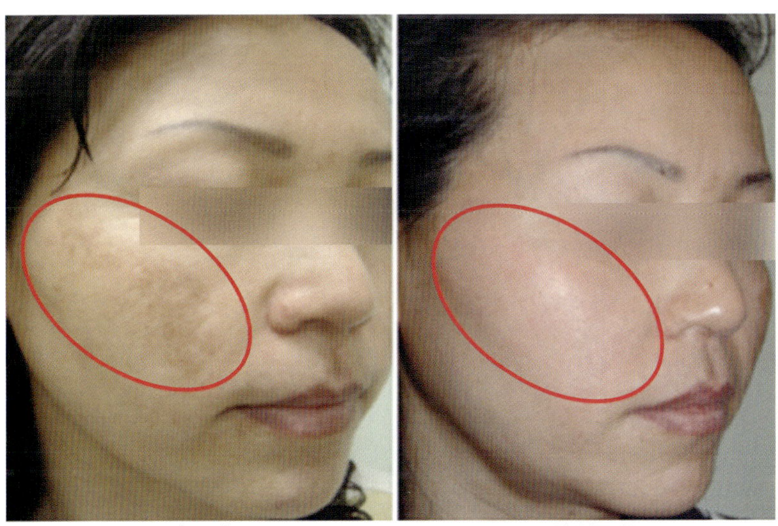

치료 전　　7차 치료 후

임상연구는 split-face로 2주에 한번씩 1.4~2.5J 이하의 low-fluence parameter로 2~3 pass, 1500~2000 shot으로 치료하였다. 사진의 우측 빰부위 병변이 레이저 토닝 치료 후 대조부위와 달리 현저한 효과가 나타났음을 알 수 있다. 연구에 참여한 군은 안산병원 17명과 아산병원 10명의 환자군으로 구성되었다.

Table 2. Differences in type of study, number of treatment sessions and laser parameter between two hostpitals

	17 Pts (Ansan)	10 Pts (Asan)
Study type	Split face study	Both face study
Tx period	8 weeks	6 weeks
Laser parameter	2~2.5 J/cm^2	1.4~2 J/cm^2

Table 3. Evaluation of effectiveness of treatment by using MASI scoring system and spectrophotomrter

	Pre-treatment	**Post-treatment**	***p* value**
MASI	1.9±2.19	0.6±1.02	<0.01
L* value	57.28±7.72	60.64±6.35	<0.001
ΔE*ab	6.40±10.06	4.50±3.59	<0.05

Table 4. Evaluation of effectiveness of treatment by patients' self assessments

	17 Pts (Ansan)	10 Pts (Asan)
Grade 0 (0~25%)	1	1
Grade 1 (25~50%)	2	2
Grade 2 (50~75%)	4	4
Grade 3 (75~100%)	10	3

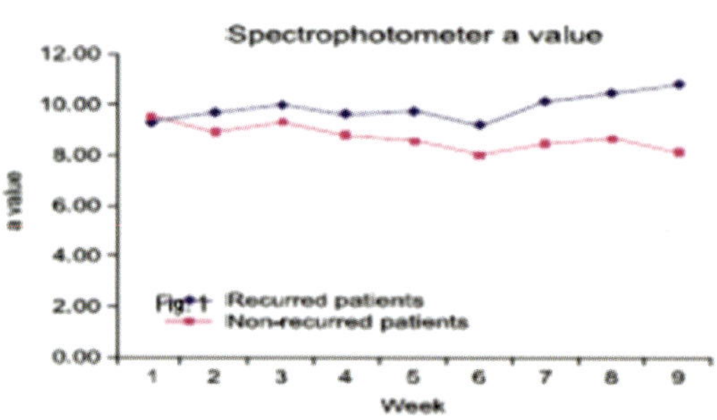

Fig 1

임상 결과를 정리한 표로 레이저 치료를 시행 한 후 얼 굴 한쪽 면만을 대상으로 측정한 MASI score는 0.6±1.02 으로 치료 전 1.9±2.19과 통계적으로 유의한 차이를 보였다(p <0.01)(Table 3). 레이저 치료를 시행 한 후 얼 굴 한쪽 면만을 대상으로 측정한 MASI score는 0.6±1.02 으로 치료 전 1.9±2.19과 통계적으로 유의한 차이를 보였다(p <0.01)(Table 3).

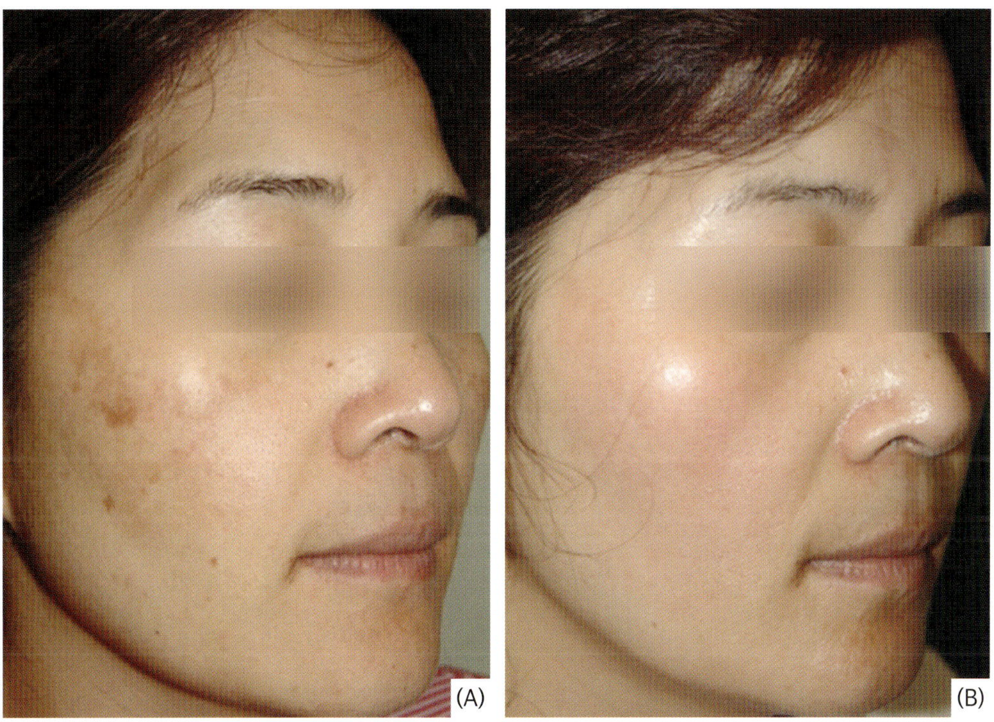

그림 | F/44, 광대뼈 부위 기미로 8번의 레이저 토닝 후 병변이 제거되었다. (A) 치료전. (B) 8번 치료 2개월 후

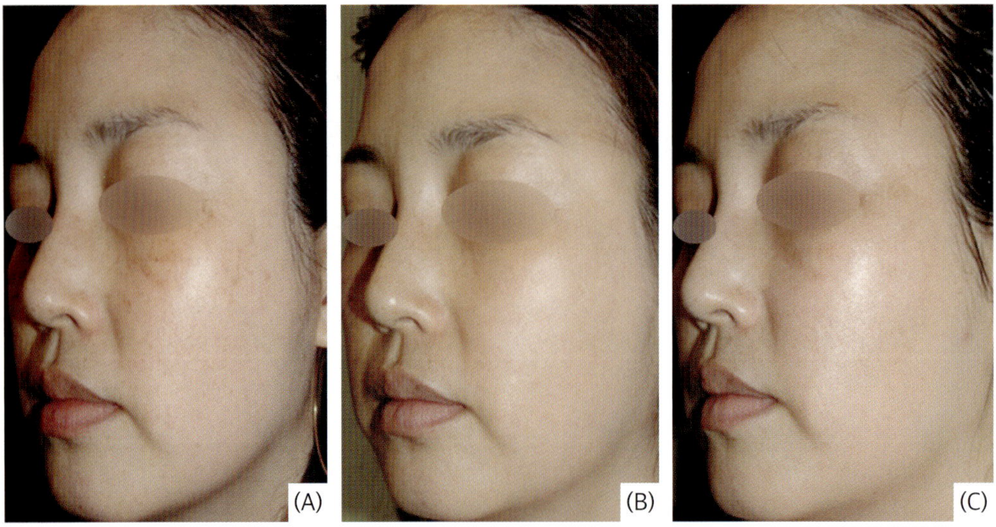

그림 | F/39, 하안검하부와 광대뼈 부위 기미로 8번 치료후 2개월에 부분 재발을 보였다. (A) 치료 전 (B) 기미는 8번 치료 후 완전 제거되었다. (C) 치료 2개월 후 기미 병변이 부분적으로 재발되었다.

3. 기초 연구

임상 연구 결과를 분석하면서 피부레이저 치료의 기본 이론인 Selective Photothermolysis로 증명되지 않은 과학적 근거들을 확인하고자 레이저 토닝 방식의 작용 기전에 대한 본격적인 기초 연구를 계획하였다.

1) 기본 개념

Q-switched Nd:YAG를 이용한 레이저와 피부조직세포간 상호작용을 이해하기 위해서는 먼저 아래와 같은 기본 개념을 이해할 필요가 있다.

① Fluence threshold: Fluence threshold는 치료 대상 조직이 손상되지 않으면서도 색소를 제거할 수 있는 최소한의 에너지 밀도이다. Q-switched Nd:YAG 레이저의 경

우, 주로 사용되는 파장은 1064nm와 532nm로, 각각 깊은 색소와 얕은 색소에 효과적이다. Fluence threshold는 파장, 피부 타입, 색소 질환의 깊이 및 면적에 따라 달라진다. 1064nm Q-switched Nd:YAG 레이저의 Fluence threshold는 보통 6~12 J/cm² 세기로 진피 하부에 위치한 색소(예: 오타모반, 문신 등)의 치료에 사용된다. 532nm 파장의 경우 Fluence threshold는 일반적으로 1.5~3 J/cm² 정도의 세기로 표피성 기미나 주근깨 치료 등에 자주 사용된다.

② Fluence threshold를 설정할 때 고려해야 할 사항: 피부 타입: Fitzpatrick 피부 유형에 따라 다른 에너지를 사용한다. 4~5형 피부 타입일수록 멜라닌의 흡수가 증가해 부작용 위험이 높으므로 Fluence를 낮게 설정해야 한다. 색소의 깊이: 색소가 깊을수록 높은 Fluence가 필요하다. 치료 목표: 문신 제거나 기미 치료와 같이 목표물에 따라 적절한 Fluence threshold 설정이 필요하며 이는 안전한 치료와 최적의 결과를 위해 매우 중요하다.

③ Thermal Relaxation Time(TRT) of Melanosome and Melanin: 피부레이저 치료기기의 설계에서 중요한 개념으로, 조직을 선택적으로 파괴하면서 주변 조직의 손상을 최소화하기 위해 반드시 고려해야 한다. 피부레이저로 가열된 조직이나 세포가 주변으로 열을 확산시키기 전에 열을 방출하고 냉각되는 데 걸리는 시간을 말한다. Melanin 자체의 TRT는 멜라닌이 어디에 위치하는지, 그리고 그 농도에 따라 달라질 수 있지만, 보통 멜라닌의 직경이 0.1~0.2um 정도여서 10~100 ns(평균 40ns) 범위에 있다. 따라서, Q-switched Nd:YAG 레이저나 알렉산드라이트 레이저 같은 짧은 펄스 레이저는 이 시간대 내에서 작동하므로 멜라닌을 선택적으로 파괴할 수 있다. Melanosome (멜라노솜): 멜라노솜은 직경이 0.5um 이상으로 멜라닌을 저장하고 전달하는 세포 소기관으로 멜라닌의 열 역학적 특성과 유사하지만, TRT는 대략 200~500 ns 범위로 더 긴 펄스 지속시간이 필요하다. 즉, 이 시간 내에 레이저를 정확하게 적용해야만 멜라닌 또는 멜라노솜을 타겟으로 하여 색소 제거가 효과적으로 이루어지고 주변 조직에 대한 손상을 최소화할 수 있다.

④ Q-switched Nd:YAG 레이저를 이용한 색소질환 치료는 목표물에 대한 병리조직학적 전자현미경적 소견에 대한 이해가 선행되어야 한다: 정상인과 기미 환자 피부의 차이점에 관한 선행 연구 (The American Journal of Dermatopathology 27(2):p 96-101, April 2005)

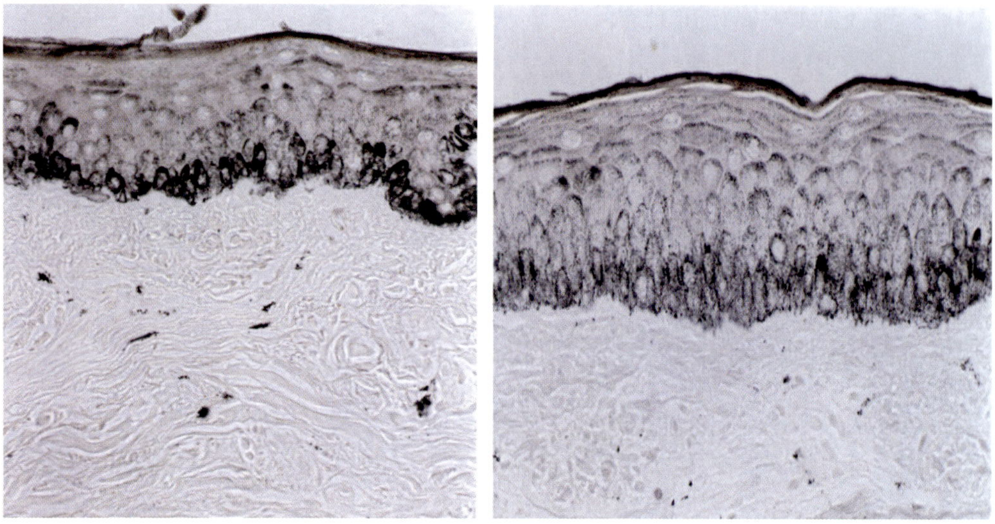

A, Fontana-Masson stain of involved hyperpigmented skin. Increased epidermal melanin and dermal melanophages (Original magnification ×40). B, Fontana-Masson stain. Normal skin for comparison. (Original magnification ×40). The American Journal of Dermatopathology 27(2):p 96-101, April 2005.

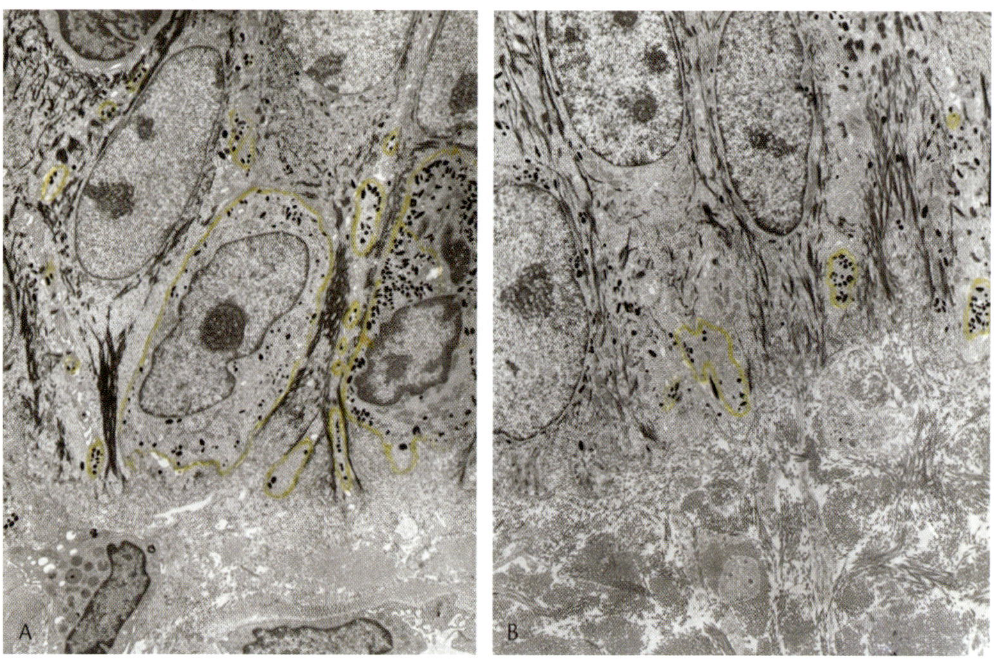

A, Electron micrograph of involved skin showing numerous melanosomes in keratinocytes and melanocytes. Note many highlighted melanocytic dendrites with many melanosomes (Original magnification ×2850). B, Electron micrograph of adjacent normal skin shows fewer melanosomes in keratinocytes, melanocytes. There are fewer melanocytic dendrites (Original magnification ×2850).

2) 인체 피부 조직 대상 기초연구

A. 레이저 토닝 시작 전 알아야 할 사항

인종별로 멜라닌 구조와 분포의 차이가 있다. 피부색과 자외선에 대한 피부 보호능력의 차이는 레이저와 피부간 상호작용에서 큰 차이점으로 작용한다.

① 유색인종의 멜라닌 구조: 인종별로 멜라닌 구조와 분포의 차이가 있다. Jimbow, K. J Invest Dermatol. 67:72-89, 1976의 연구에 따르면 멜라노좀의 크기, 밀도 및 응집의 차이는 피부색과 밀접한 관련이 있다.

② 백인종: 초기 단계의 I 또는 II 멜라노좀을 가지고 이는 크기가 작고(<0.35u) 각질층내 군집되어 분포하고 보다 더 쉽게 분해된다.

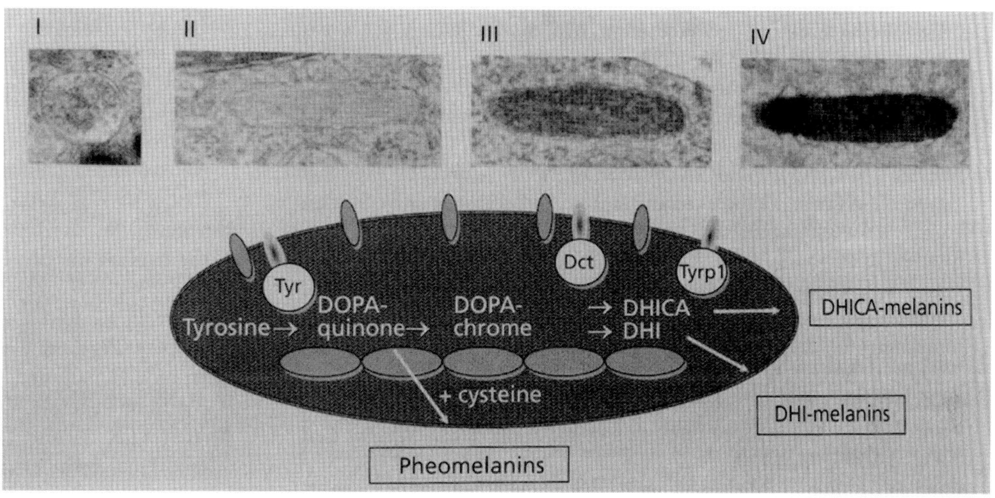

출처: The Pigmentary System: Physiology and Pathophysiology. James J. Nordlund et al, 1st ed, 25 April 2006

③ 유색인종:후기 단계 IV 멜라노좀을 가지고 이는 크기가 더 크고 개별적으로 분산되어 있어 분해가 느리고 각질층에 더 오래 머문다.

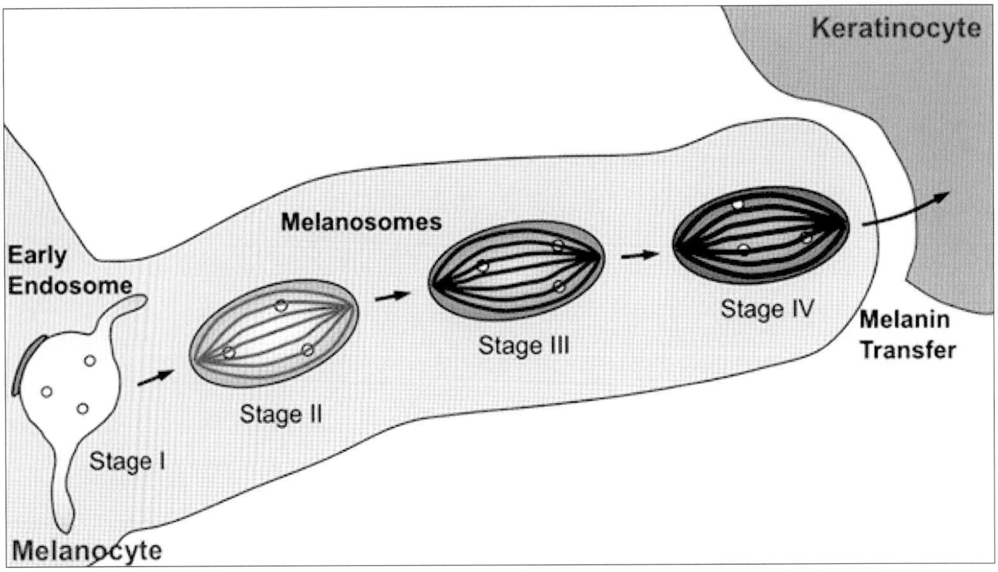

그림 | 멜라노좀 생성과정 (전자현미경 분석): 단계별 stage I~IV 미세구조 모식도

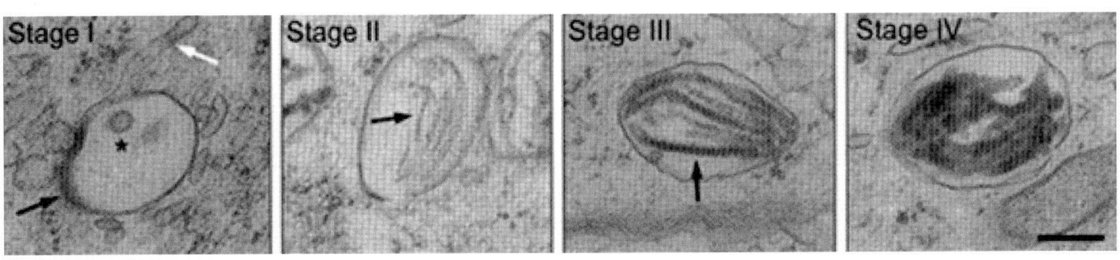

그림 | TEM 분석 각 멜라노좀 단계의 예를 보여주는 MNT-1 세포

멜라노좀 미세구조의 전자 현미경 분석. (a) I-IV 단계의 멜라노좀 미세구조. 위, 제시된 멜라노좀 생성의 개략도. 하단, I단계에는 planar clathrin coat (검정 화살표), intraluminal vesicles (*) 및 membranous tubules (흰색 화살표)가 있다. II단계는 IV단계 멜라노좀의 내강을 채울 때까지 전자 밀도가 높은 멜라닌이 III단계 (화살표)에 침착되는 광내 아밀로이드 시트(화살표)가 특징이다. Bar = 200 nm. (Adapted from Ripoll et al. 2018 J Cell Biol 217:2709-26).

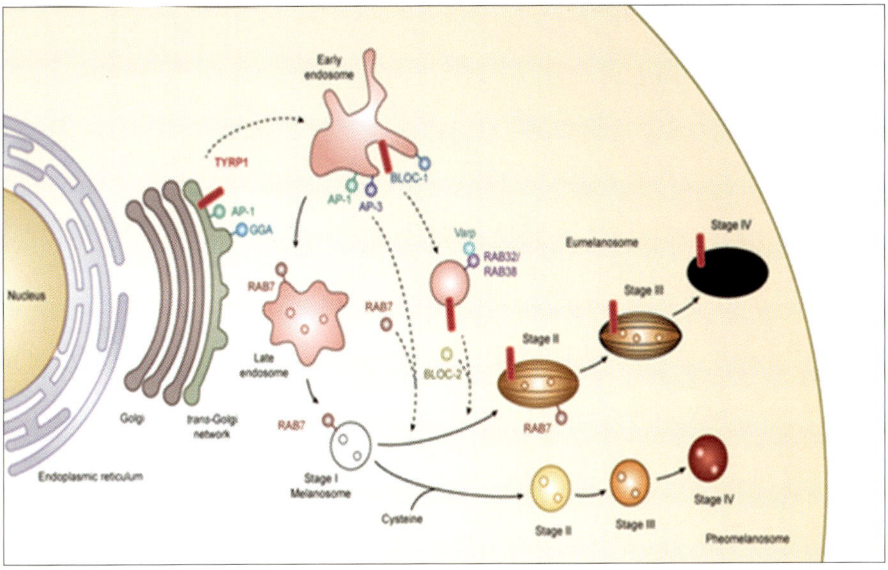

이 모식도는 인종별 유전적 차이로 나타나는 흑갈색, 황적색의 혼합 비율에 따른 멜라닌 합성 과정으로 피부색의 다양한 양상을 설명해 준다.

④ 피부색과 자외선에 대한 피부 보호능력의 차이: 주로 멜라닌(melanin)의 양과 유형에 따라 결정된다. 멜라닌은 피부에 색을 부여할 뿐만 아니라 자외선(UV)으로부터 보호하는 역할을 한다. 즉 자외선(UV)을 흡수하여 피부 각질세포의 DNA 손상을 방지한다. 특히, UVA(주름, 노화)와 UVB(화상, 피부암)를 차단하는 데 중요한 역할을 한다. 어두운 피부형(IV형,V형)은 피부에 더 많은 멜라닌이 있어 자외선 차단 효과가 크며, 햇볕에 그을리기보다는 피부가 점차 어두워진다. 그러나 자외선에 장기간 노출될 경우에는 여전히 피부 손상 및 피부암 위험이 있어 자외선 차단제 사용이 필요하다. 밝은 피부형(I, II형)은 멜라닌 양이 적어 자외선에 민감하고 햇볕에 쉽게 화상을 입는 피부형으로 DNA 손상 가능성이 더 크고 자외선 차단제 없이 지속 노출될 경우 피부암 위험이 높아진다. 그 외 유전적 요인으로 같은 피부색이라도 개개인의 유전자에 따라 자외선에 대한 반응이 다를 수 있고 지역적 차이에 따라 자외선의 강도가 다르므로, 자외선이 강한 지역에 사는 사람들은 피부색에 관계없이 자외선 차단이 필수적이다.

⑤ 레이저와 인체 피부 조직간 상호작용에 대한 이해: 먼저 ns Q-Nd-YAG 레이저 에너지

가 피부 멜라닌색소세포내 멜라노좀으로 흡수된다. 즉, 멜라노좀내 멜라닌의 직경은 0.2um 이하로서 그 흡수도는 성숙도와 연관성이 높다. 멜라닌생성과정을 보면 단계별(Stage1~IV) 성숙과정을 거쳐서 각질세포로 이주하기 전 완전 성숙단계가 된다.

⑥ 레이저 토닝 치료의 주요 목표물은 멜라노좀내 멜라닌으로 활성화된 멜라닌색소세포의 늘어난 dendrite가 melanin transfer를 위해 인접 각질세포와 접촉하는 부분에 있는 가장 성숙한 상태(stage IV)의 멜라노좀이다. 그리고 실제 Q-Nd:YAG 레이저 토닝을 하면 조사된 레이저 광에너지는 주로 흡수되는 발색단이 있는 부위를 중심으로 빔이 조사되는 피부 위층에서 아래층으로, 각질세포층부터 멜라닌세포와 진피내로 흡수되며 그 과정에서 멜라닌 함유량에 따라 흡수도 차이를 보이면서 상호작용이 일어나게 될 것이다.

⑦ 색소질환에 적용하는 기존 레이저 치료 이론은 목표물인 멜라노좀을 함유한 멜라닌색소세포를 파괴하기 위해 높은 에너지를 사용했기 때문에 멜라닌 세포에 과도한 에너지가 흡수되어 세포사가 유발된다. 실제로 초기 임상연구 보고에서 탈색소반이나 오히려 더 진해지는 과색소침착 등의 부작용으로 더 이상 추천되는 치료법이 아니었다. 위 모식도를 보면 우리의 치료 목표물이 멜라닌색소세포 전체가 아니라 각질세포와의 접점 부위이며 기미 등과 같이 활성화된 멜라닌색소세포 가지 부위의 4단계 멜라노좀과 과도하게 생성되어 전달된 각질세포내 멜라노좀과 멜라닌임을 알 수 있다.

따라서 이미 알려진 기존 SP 기반 치료법의 부작용을 최소화하기 위해서는 우리의 목표물에 선택적인 치료방법이 개발되어야 할 것이다. 그리고 이것은 백인과 다른 멜라노좀과 유멜라닌을 갖고 있는 유색인종에서 흔한 색소질환과 난치성 색소성 병변들의 레이저 치료법을 새롭게 개발하는 것이다.

레이저를 이용한 피부색소에 대한 영향의 전자현미경을 이용한 형태학적 변화 연구는 1990년대 이루어졌다. 당시 1us 이하의 submicrosecond 펄스에서는 멜라노좀의 Thermomechanical damage 즉, disruption, vacuolization, dispersion이 나타났다. 그러나 Fluence threshold에 도달할 정도의 세기로 조사하면 멜라닌색소세포는 죽게 될 것이므로 앞으로 개발될 subnanosecond domain(picoseconds & femtoseconds)의 펄스로 치료하면 mechanoacoustic damage 가 멜라노좀내 confine되므로 SP 이론의 thermal confinement aspect와 유사한 양상으로 주변 조직에는 손상이 최소화될 것이다라고 기술되어 있었다. JID 1991.97.131, JAAD 1999.40. 603 이에 저자는 레이저 토닝 방식이 임상에 먼저 소개된 후 기존 연구와 다른 방법으로 그 작용 기전을 연구하였다. 먼저 레이저 토닝을 정의하기 위해 당시 임상연구에 사용한 레이저의 기계적 특성과 시술 방법이다. 즉, 레이저 토닝에 적합한 기기와 파라미터의 특성에 대한 이해가 필요하다.

① 1064nm Q-switched Nd:YAG laser with Pulse width (<5~7ns)

② Top-Hat Beam Mode Uniform beam profile

③ High peak power at same joule energy and stable energy ouput

④ Large spot with collimated beam 6~8mm

⑤ Treatment: 2~3 pass, 2 weeks interval, X 6~12

표 | 이전 연구들에서 사용한 파라미터와 저자의 방식의 차이점은 아래와 같다.

Pass/Shot	2~3 /~1500	3~10/>2000
Fluence	1.4~2.0J	3~5J
Speed	5~10 Hz	>10 Hz
Interval	2weeks	Variable

Spectra VRM 빔패턴에서 색소를 제거하는 능력을 비교한 테스트

① Spectra VRM II

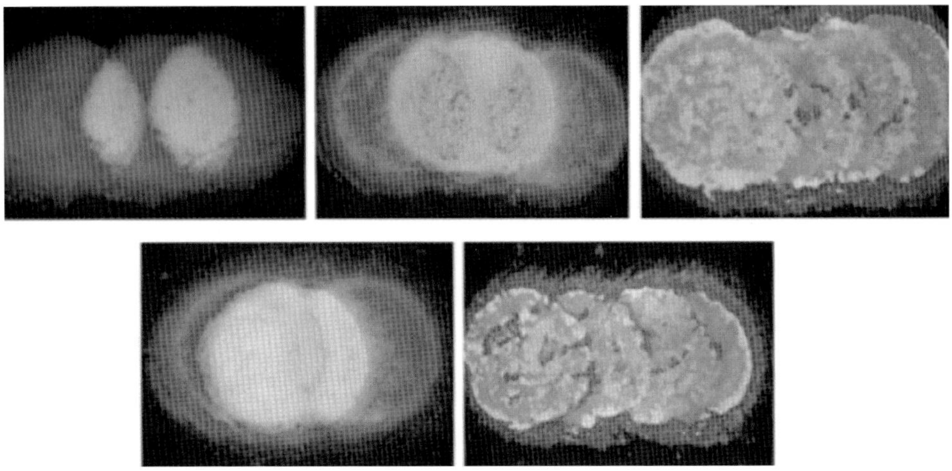

Stereomicroscope Stemi DV4, x20~25

사진 | 빔주변으로 번짐 현상을 볼 수 있으며 이는 빔패턴에 따른 광열효과에 의한 것으로 추정한다.

② Spectra VRM III

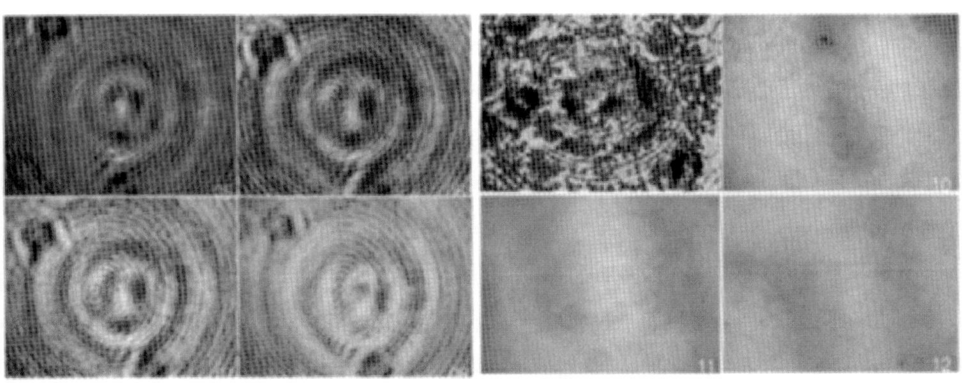

5-0.5J, 6-1.0J, 7-1.5J, 8-2.0J : 1 shot

9-0.5J, 10-1.0J, 11-1.5J, 2-2.0J : 2 shot

LM, x40

사진 | 색소를 제거하는 능력을 비교한 테스트로 에너지 세기별로 보면 1 shot 보다 2 shots 1.0J에서 2 shots 2.0J과 같은 효과를 보인다.

B. 레이저와 피부조직간 상호작용으로 나타나는 효과들

① 광열 효과: 피부에 흡수된 레이저 에너지는 열을 발생시켜 조직 내의 온도를 상승시킨다. 열 손상을 제어하면 주변 조직으로의 손상을 최소화하므로 원치 않는 세포(예: 혈관, 모낭, 색소 병변)만을 파괴할 수 있다.

② 광기계적 효과: 고강도, 단펄스 음파를 발생시키는 레이저로 문신 잉크 입자 또는 색소 세포와 같은 표적 구조를 기계적으로 분해할 수 있다. 이 효과는 표적의 정확한 단편화를 유발하므로 문신 제거 및 특정 색소 병변 치료에 사용할 수 있다.

③ 광화학반응 효과: 여드름에 대한 청색광 요법은 흡수된 세포 내에서 광화학 반응을 유도하여 치료 효과를 유발할 수 있다.

④ 광생물조절(Photobiomodulation)효과: 저수준 레이저 치료(LLLT)는 저강도 레이저를 사용하여 세포 활동을 자극하고 상처 치유를 촉진하며 염증을 줄이고 통증을 완화한다. 이러한 상호 작용은 세포 대사에 영향을 미치며 조직 복구 과정을 향상시킬 수 있다.

⑤ 아래 그래프는 레이저가 조직과 상호작용하는 방식과 그에 따른 결과를 보여준다. 이 그래프는 레이저의 파장, 에너지 밀도, 조사 시간 등의 주요 매개변수에 따라 조직이 받는 영향을 시각적으로 표시했다.

⑥ X축은 레이저가 조직에 조사되는 시간을 나타내며, 보통 초(s) 또는 밀리초(ms) 단위로 표현. 노출 시간이 길어질수록 조직에 열이 축적되는 방식으로 영향을 미친다. 노출 시간이 짧아질수록 레이저의 높은 에너지가 조직에 빠르게 전달되어 충격적인 효과를 유발한다..

⑦ Y축은 조사되는 단위 면적당 에너지의 강도를 나타내며, 보통 W/cm^2 단위로 표현. 높을수록 조직에 전달되는 레이저의 에너지가 더 집중되어 즉각적인 영향을 유도. 낮은 밀도에서는 에너지가 천천히 전달되어 조직에 축적되는 방식으로 영향을 미친다.

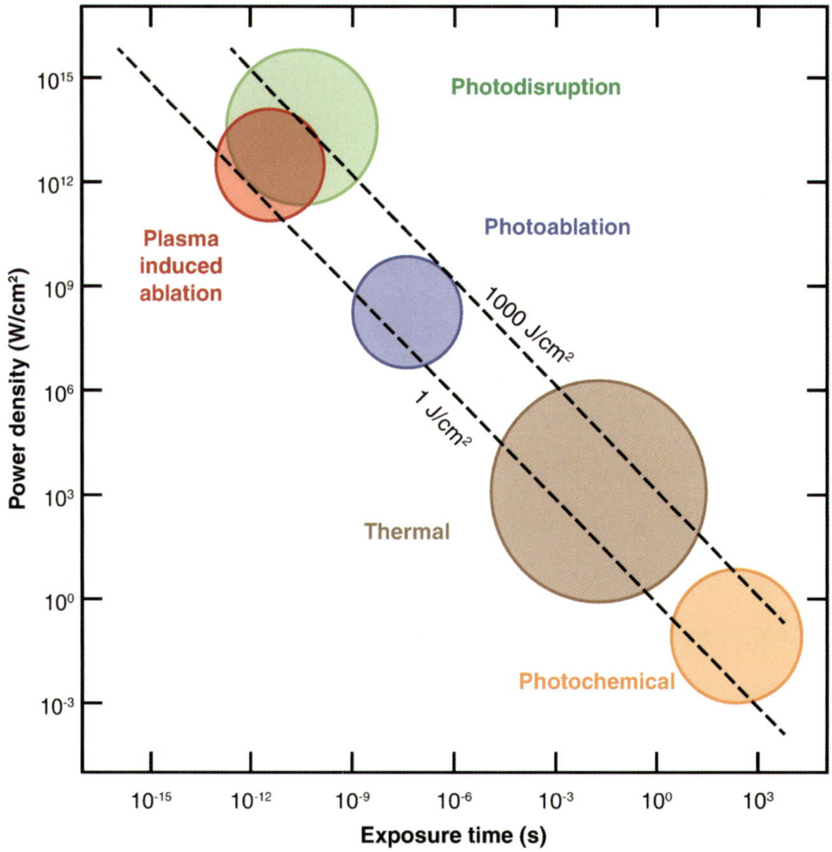

Zam, A. (2020). Laser-Tissue Interaction. In Lasers in Oral and Maxillofacial Surgery. Springer

그림 | 레이저가 조직과 상호작용하는 방식과 그에 따른 결과를 보여주는 그래프로 레이저의 파장, 에너지 밀도, 조사 시간 등 매개변수에 따라 조직이 받는 영향을 시각적으로 표시했다.

C. 인체 피부 대상 전자현미경 연구

저자들이 연구하여 Journal of Electron Microscopy, Volume 60, Issue 1, February 2011, Pages 11-18 저널에 발표한 내용은 다음과 같다.

SBF-SEM (Serial Block Face Scanning EM)은 연속적인 초박 절편을 스캔하여 3D 이미지를 구축하는 방식으로, 멜라노좀과 그 주변 구조의 미세 손상을 관찰하는 데 유용한 방법이다. Q-switched Nd:YAG 레이저 조사 후 멜라노좀 주위의 구조적 변화를 확인하였다.

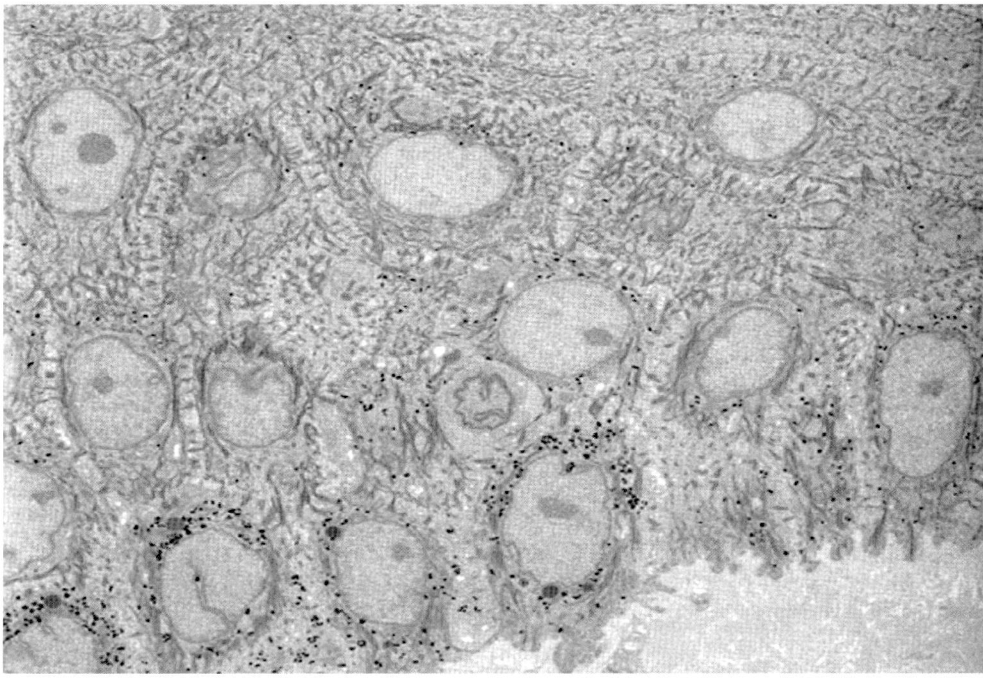

그림 | 한국인 기미 환자의 표피층 기저세포층내 핵을 둘러쌓고 있는 많은 멜라노좀들이 보인다(SBFSEM).

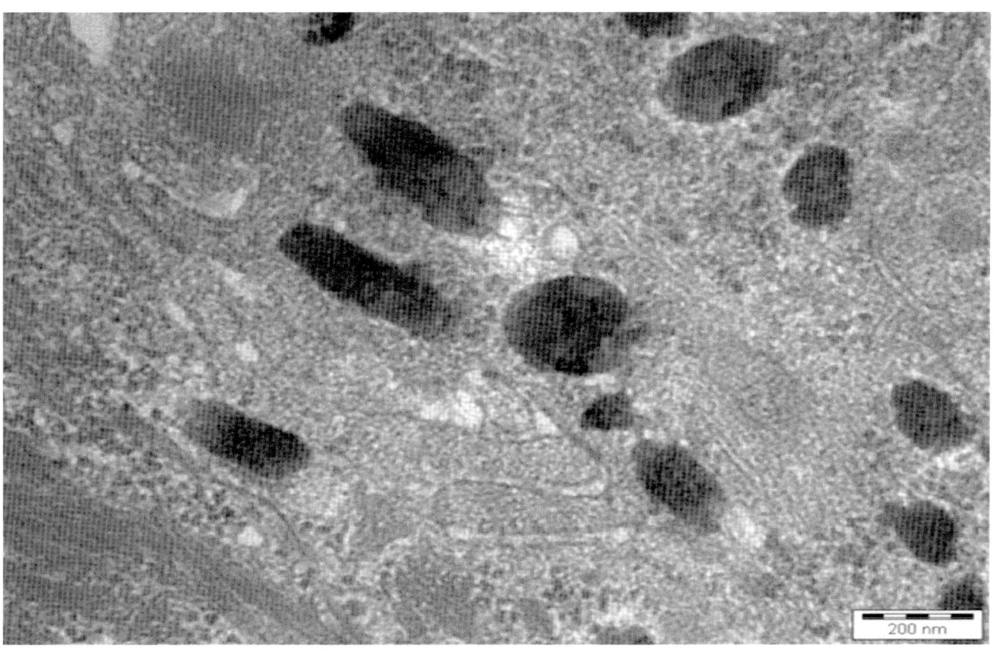

그림 | 한국인 기미 환자의 성숙된 멜라노좀들 (late stage IV) size >0.35u, x100,000

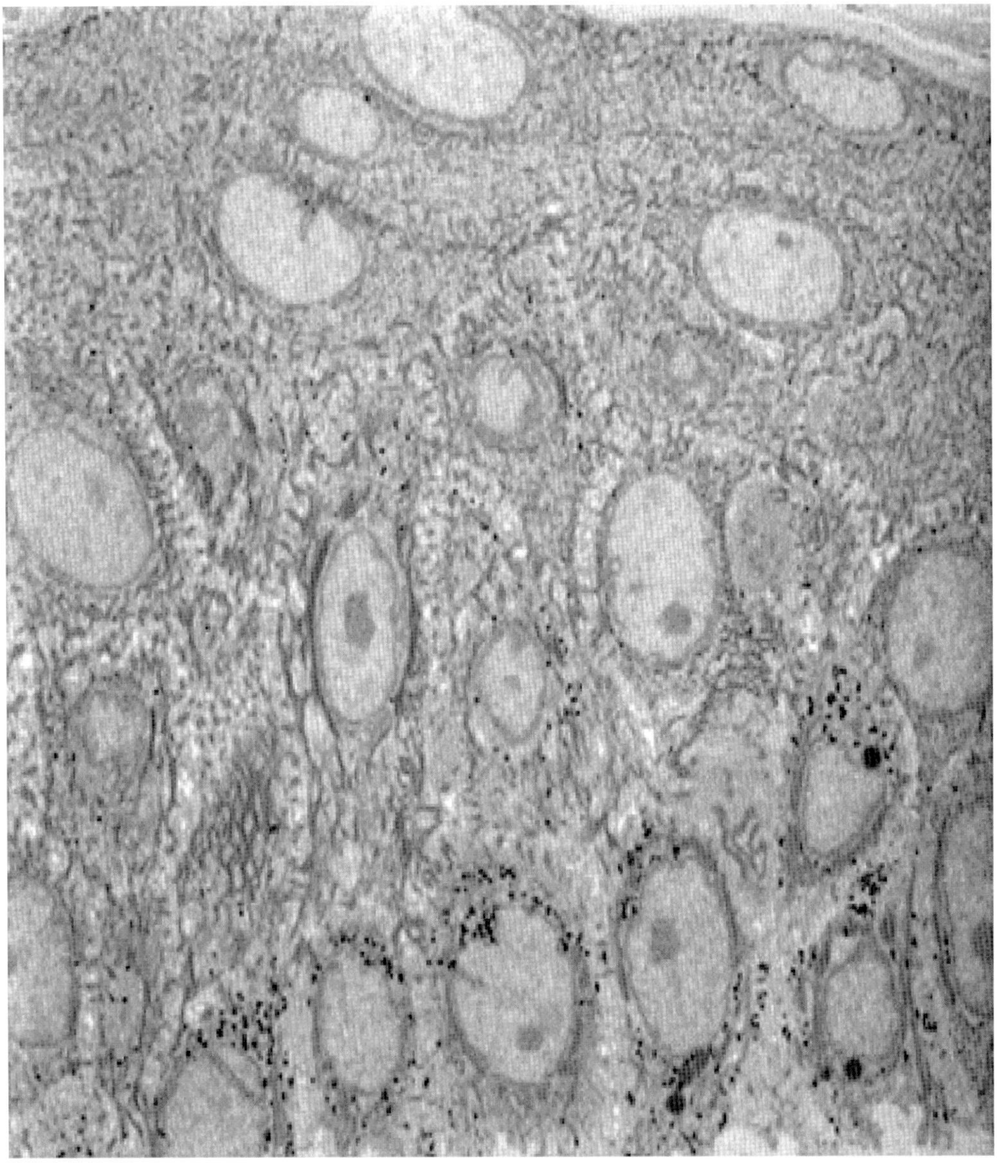

그림 | 한국인 기미 환자의 레이저 토닝 전 EM 사진

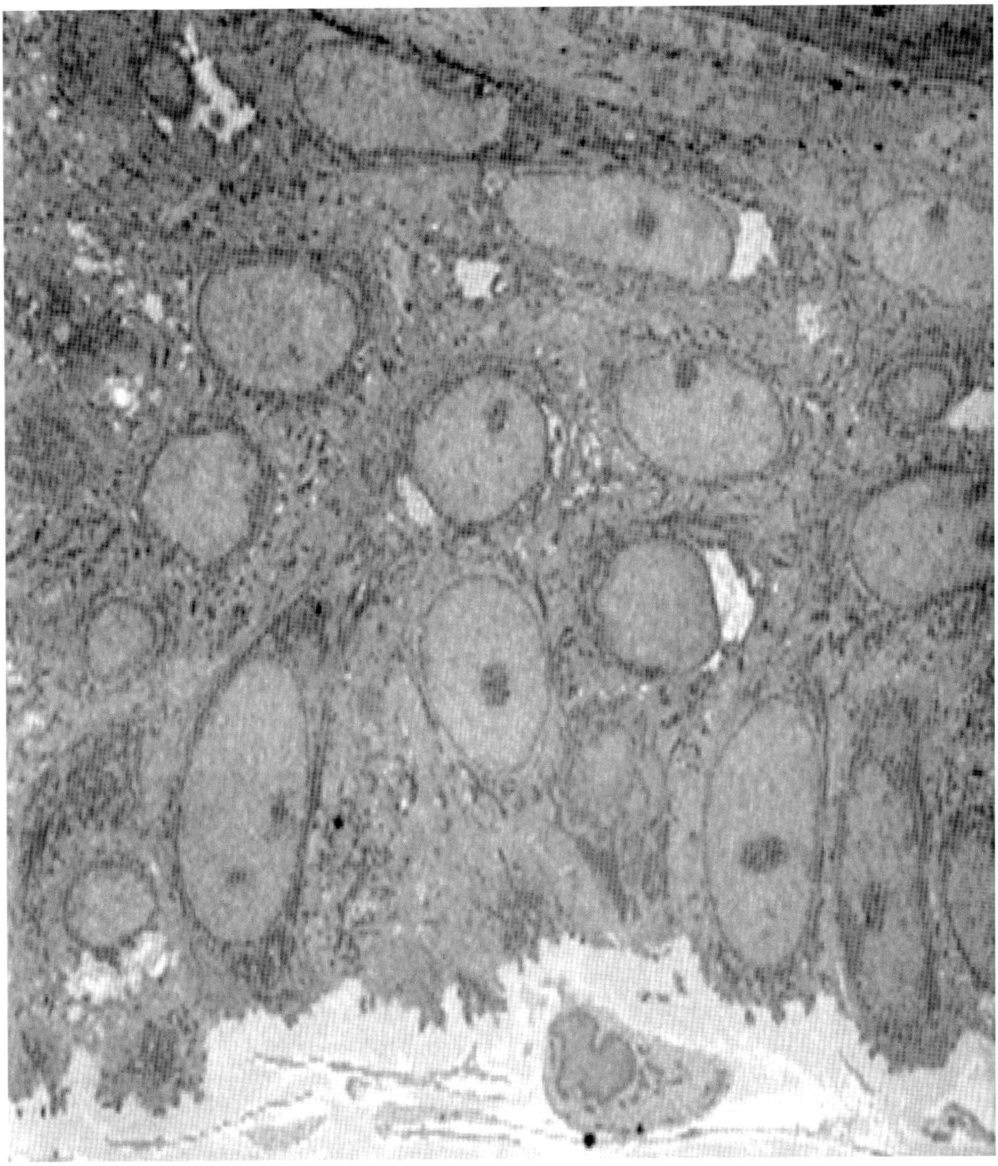

그림 | 한국인 기미 환자의 레이저 토닝 후의 변화가 나타난 사진

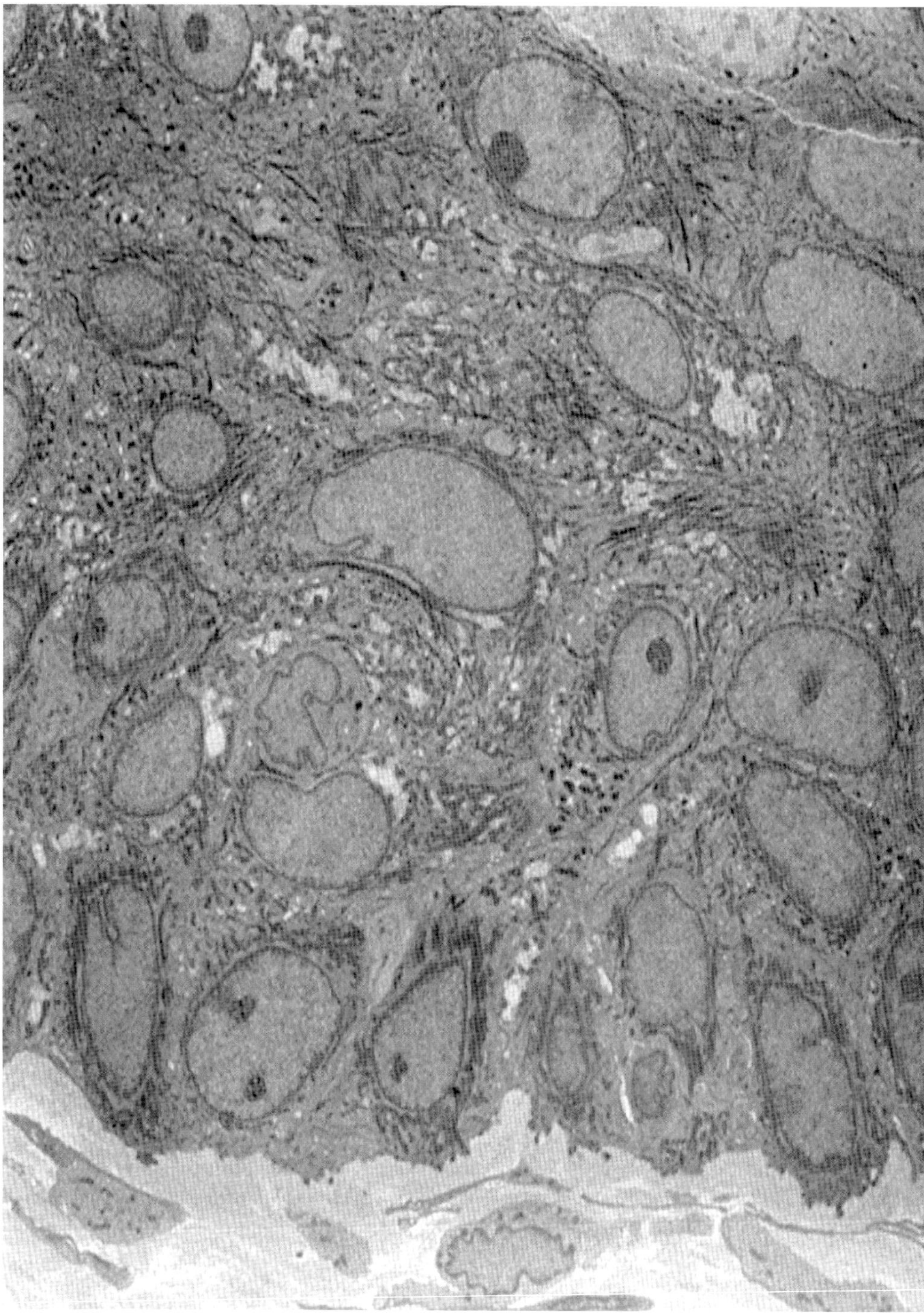

그림 | 한국인 기미 환자의 레이저 토닝 후 확대 소견: 멜라닌세포의 dendrite가 각질세포와 접촉하는 부위에서 주로 공포화 변화를 보인다.

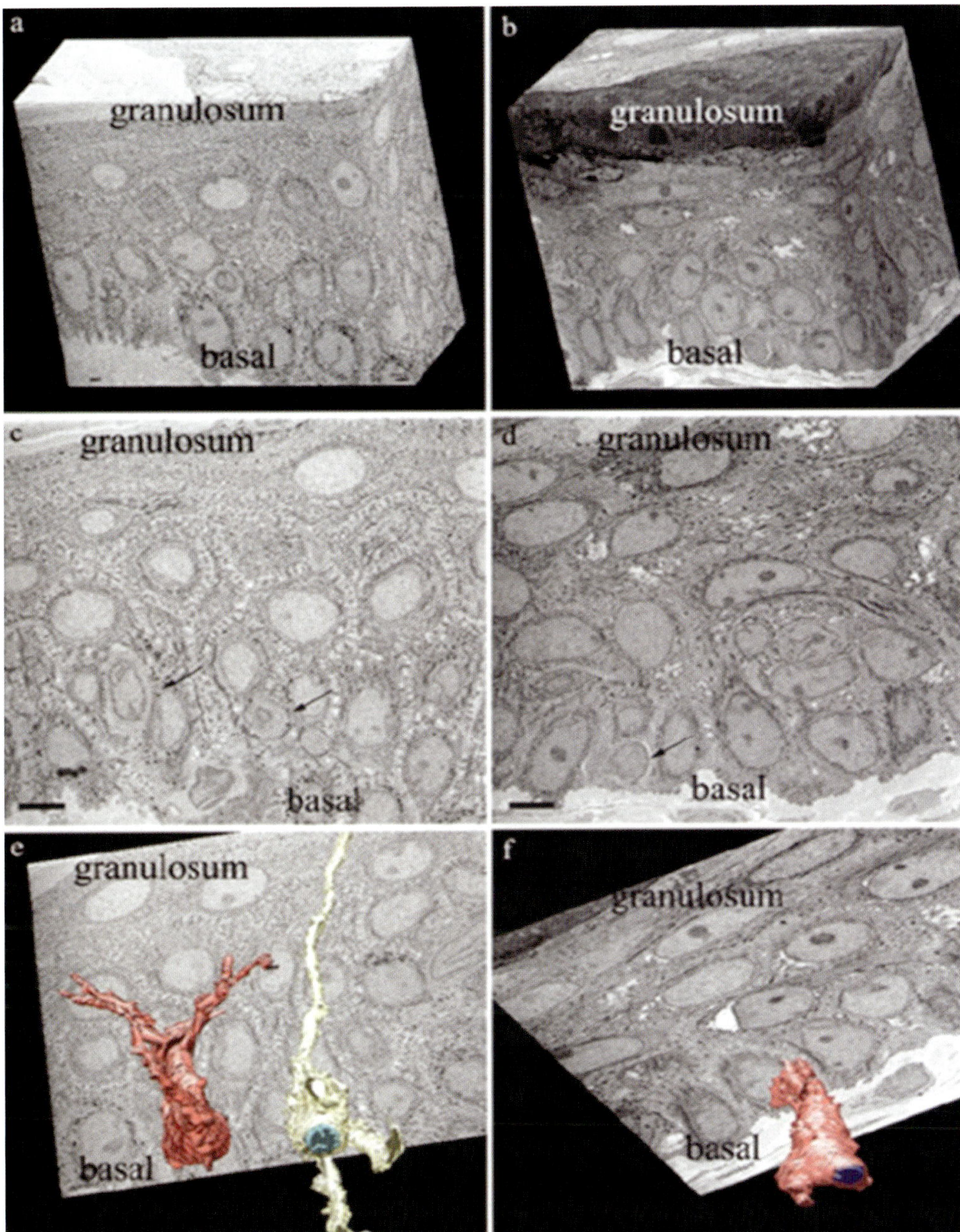

Fig 2. 3D structures of melanocyte in epidermis layer of melasma patient. Surface model of melanocytes show the cell body and their dendrites. Each nucleus was assigned a separate color(A-cyan blue, B-blue). Melanocytes in melasma patient have many dendrites for melanin trasfer (A). After laser toning treatment, 3D structure of melanocyte showed less dendrite (B).

Selective destruction of dendrites in melanocyte(JY Moon, IH Kim, et al. 2011, J of EM)

2009년6월11~13 ASPCR 학회에 먼저 발표하고 2011년 논문으로 출간되었다.

D. 멜라노좀과 멜라닌 구조에 대한 연구

1) TEM alterations of melanosome in melasma patients after LT (x100,000)

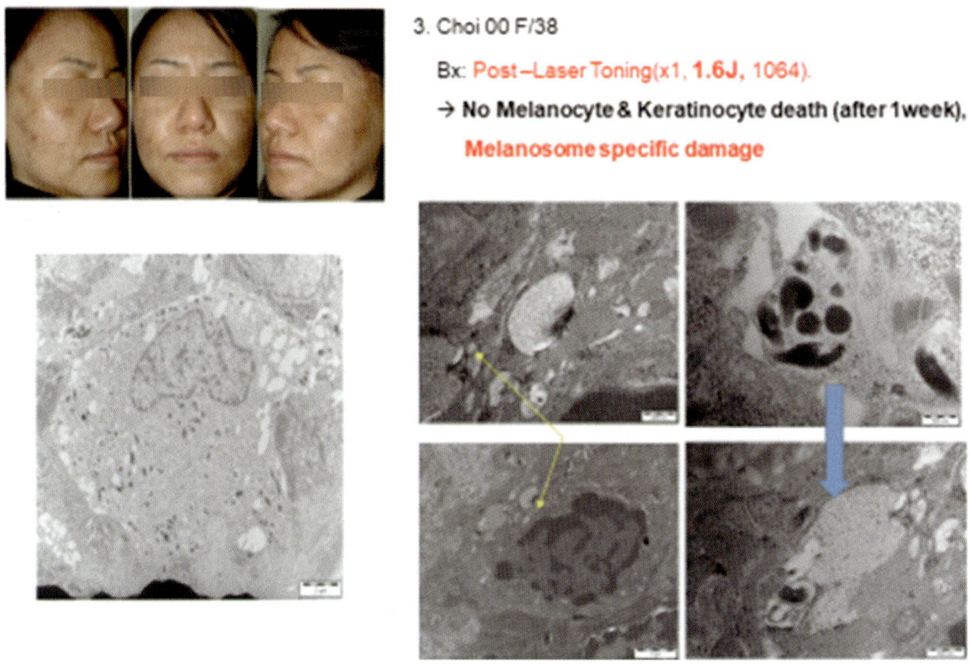

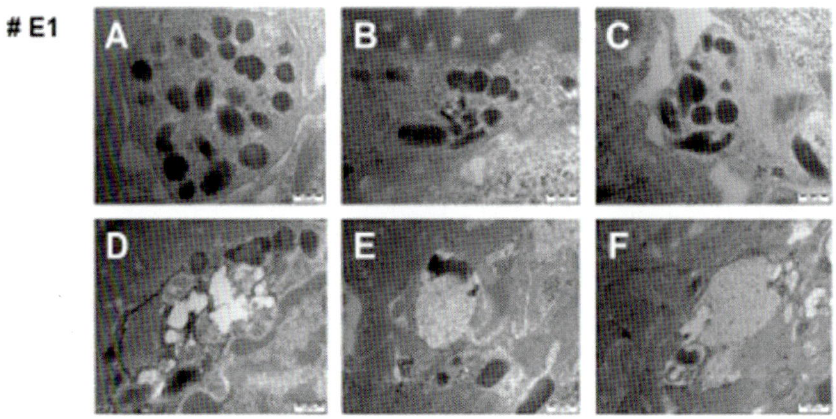

Figure 8. Ultrastructural changes of melanosomes.

A,B,C: before treatment, fully-developed stage IV melanosomes; D,E,F: after treatment, internal electron lucency and disruption of internal contents after treatment. (A-F; x100,000)

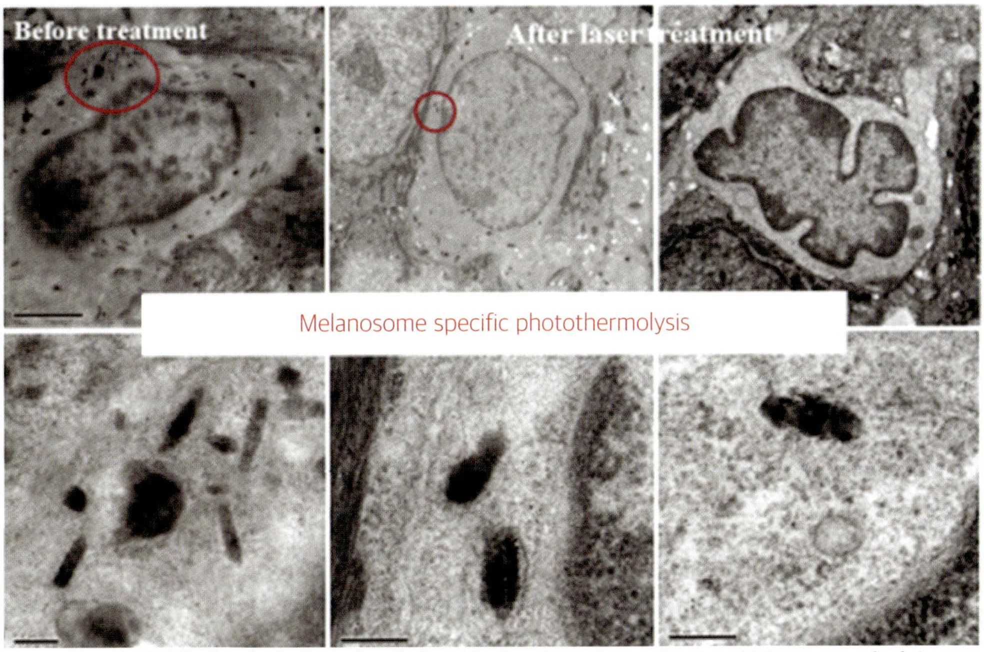

그림 | 기미 환자 각질세포내 멜라노좀의 레이저 토닝 후 변화-TEM 사진으로 멜라노좀이 선택적으로 광열용해반응을 보인다.

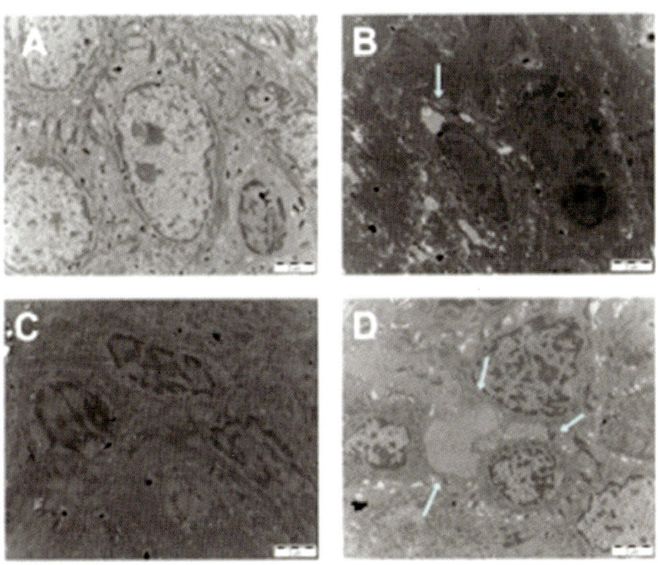

Figure 7. Electronmicroscopic alterations in keratinocytes
Post-treatment keratinocytes also showing decreased distribution of melanosomes and intracelluar vacuolizations (arrows) without cell death (A and C: before treatment, B and D: after treatment) (A-D; x10,000)

그림 | 기미 환자 진피내 멜라닌탐식세포의 레이저 토닝 후 변화 TEM/3D 사진

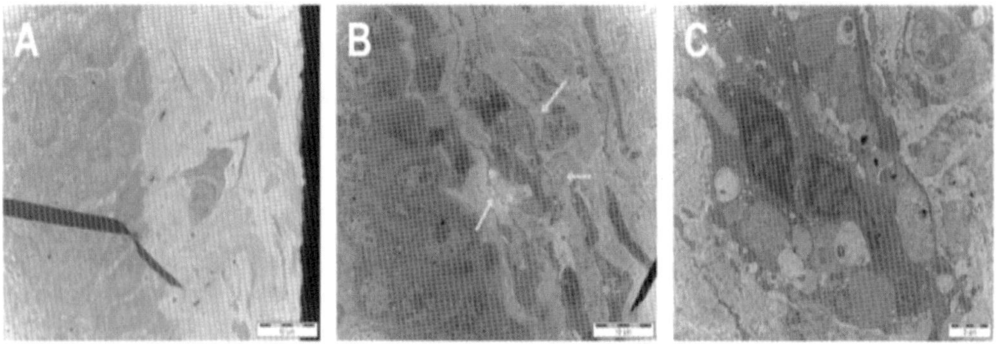

Figure 9. Subepidermal electron microscopic changes.
A: before treatment. B: intracelluar vacuolizations in melanophages. C: amplified image of B arrow (A, B; x3,000, C; x10,000)

그림 | 레이저 토닝 전과 후의 상부 진피내 멜라노파지의 변화: 레이저 토닝 후 멜라노좀의 증가 소견을 보인다.

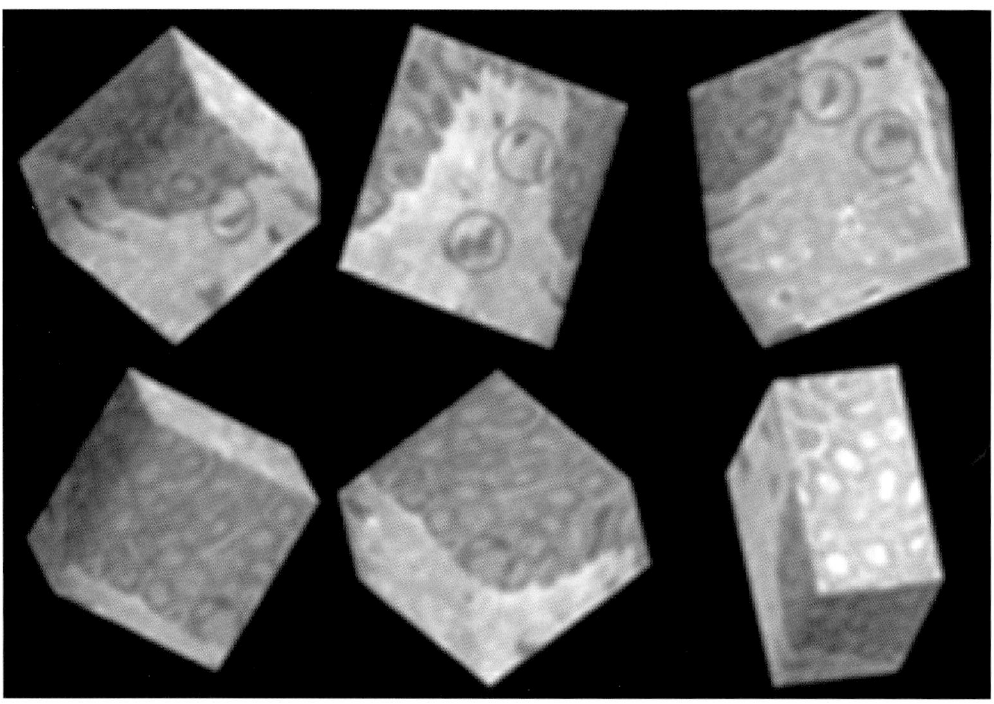

레이저 토닝 전 상부 진피 부위의 3D EM 사진

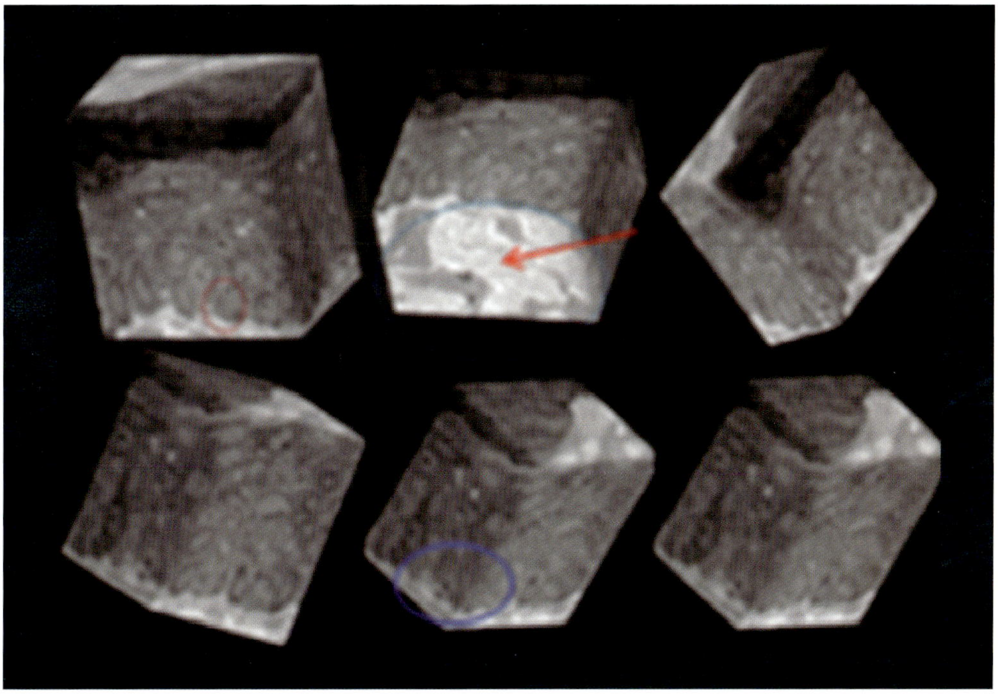

QS-Nd:Yag Laser Toning: short pulse(<5-7nm), lowfluence(1.6~2.0J/cm^2), 7mm spot with collimated beam, 2 passes, 1/weekx7

레이저 토닝 후 3D EM 사진

레이저 토닝 후 파괴된 멜라닌들은 어떻게 제거되는가에 대한 직접적인 근거가 3D volume 변화를 전자현미경을 이용한 이번 연구에서 관찰되었다. 위 사진들에서 기저세포층 아래 멜라노파지의 부피가 커지고 세포내에 증가된 멜라닌들을 레이저 토닝전과 비교하여 확인할 수 있다.

이는 레이저 토닝 치료 8주후 피부 조직에서 50um 두께의 연속적인 피부절편을 SEM으로 연속 촬영하여 AMIRA S/W에 의해 3차원 volume으로 재구성한 사진이다. 3차원 구성 볼륨은 28um X 28um X 25 um.

JAAD 1999.40:603에 발표된 기존의 가설들 1. Transepidermal elimination 2. Eliminated through lymphatic drainage 3. Rephagocytosed by dermal melanophage 4. Mixed 과 일부 일치하는 직접적인 소견들이다.

전자현미경 연구의 주요 결과물은 아래와 같이 발표되었다.

1. Journal of Electron Microscopy 표지논문과 Editor's choice 논문 선정

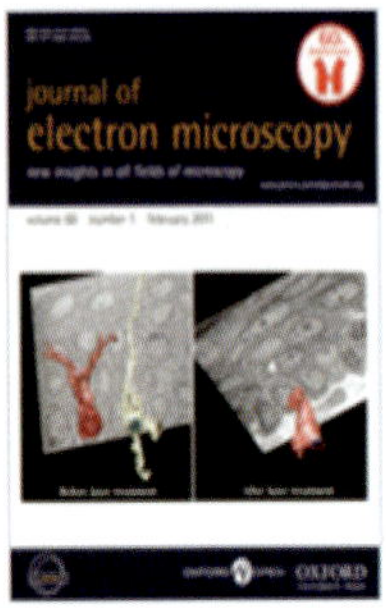

Volume 60, Issue 1

February 2011

Cover image

Volume 60, Issue 1, February 2011

IN THIS ISSUE

JEM in this issue, 60:1 february 2011 FREE

Journal of Electron Microscopy, Volume 60, Issue 1, February 2011, Page NP,

https://doi.org/10.1093/jmicro/dfr004

Extract ▾ View article

2. Editor 선정 논문

EDITOR'S CHOICE

EDITOR'S CHOICE

A low fluence Q-switched Nd:YAG laser modifies the 3D structure of melanocyte and ultrastructure of melanosome by subcellular-selective photothermolysis FREE

Ji Young Mun and others

Journal of Electron Microscopy, Volume 60, Issue 1, February 2011, Pages 11–18,

https://doi.org/10.1093/jmicro/dfq068

Abstract ▾ View article

3. 김일환 교수님

교수님의 연구 논문이 JOURNAL OF MICROSCOPY 2월호에 표지를 장식했다는 소식을 신문에서 보았습니다.
교수님의 업적이 전 세계에 알려지고 다른나라에서도 이런 치료가 잘 이용되기를 기대합니다. 늘 건강하시기를 빌겠습니다.

오킴스피부과 김홍직
02-439-7524

E. 멜라노좀내 멜라닌에 대한 전자현미경연구

1). Electron Tomography 연구

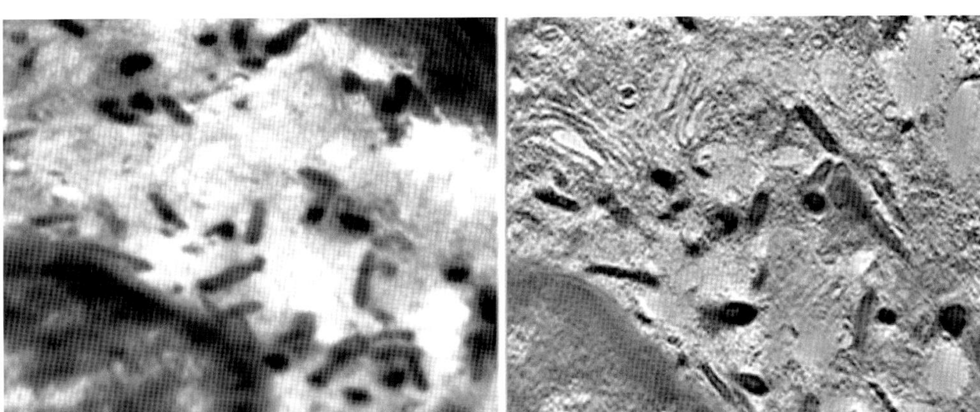

Tilt images　　　　Tomogram image

(JEM1400, iTEM software)

Tomography 법을 이용하면 오른쪽과 같이 기존의 2차 이미지에 비하여 향상된 해상력을 얻을 수 있다. 이 영상들은 레이저 치료 전의 melanosome의 연속이미지와 tomogram이미지로서 compact하고 전자밀도가 높은 멜라노좀의 영상을 확인할 수 있다.

2) High Voltage Electron Microscopy

(UHVEM ARM-1300) 연구

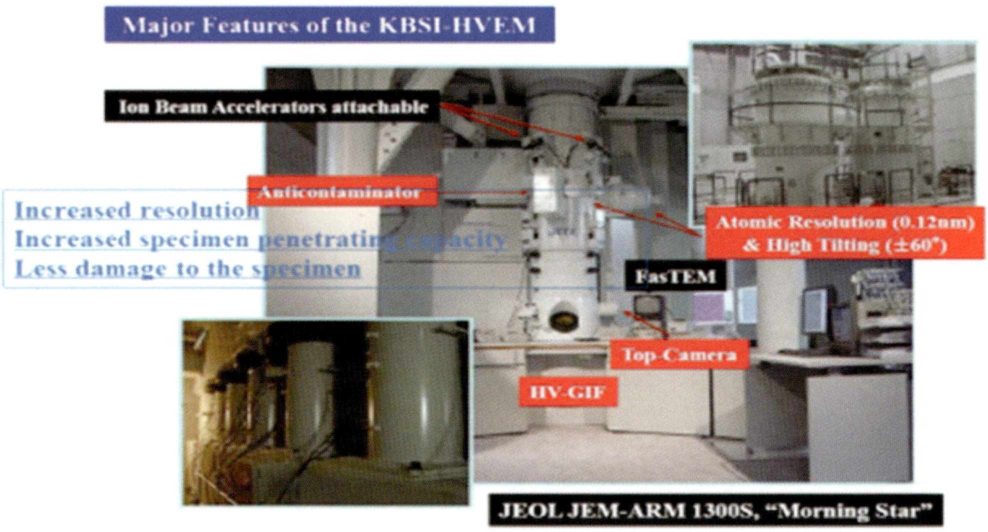

멜라노좀은 전자밀도가 강한 세포내 organelle로서 보다 정밀한 구조 분석을 위해서 초고전압의 전자현미경을 이용한 연구가 필요하였다. 2004년 대전 기초과학 지원 연구소에 설치, 운영되고 있는 초고전압 전자현미경 morning star는 기존의 전자현미경에 비해 10배 높은 전압을 가지고 있어, 고해상도 이미지를 분석하기에 적합한 장비이다. 이에 레이저 토닝 전과 후의 멜라노좀의 형태학적 변화를 더 자세히 분석하고자 하였다. 레이저 토닝 전과 후의 StageIV 멜라노좀을 20만배로 확대하여 촬영하였다. 이어 High Voltage Gatan Image Filter(GIF, Gatan Co, USA)로 60만배까지 촬영하였다. Inverse Fast Fourier Transform Image: 역결자 퓨리에 변환 이미지 계산하였다. GIF는 단결정회절도형(Diffractogram)에 대한 격자면과 원자배열을 측정하는 직접분석법을 수행할 수 있게 하므로 고분해능 이미지로부터 퓨리에 변환을 수행하여 역공간을 계산하는 방법으로 역격자회절패턴으로부터 이미지의 특성을 분석하였다. 4. 역결자회절패던-중심점은 투과점이고 주변점들이 회절점이다. 각 회절점은 특정 결정면에 대한 결정학적 정보를 확인하였다.

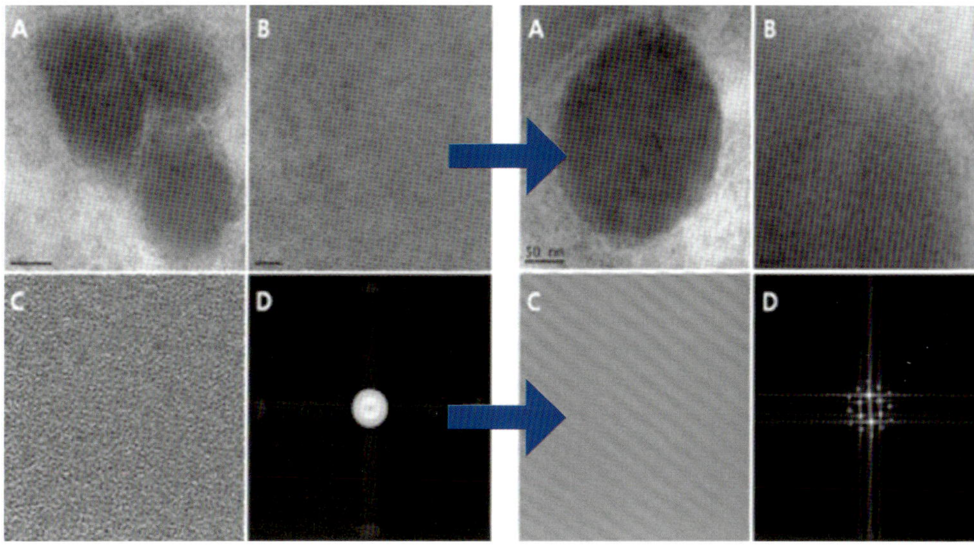

사진. | 레이저 토닝전 멜라노좀의 고해상도 이미지와 회절패턴 (왼쪽)

A. Image of melanosome

B. Melanosome of High resolution image using GIP

C. Inverse Fast

D. Fast Fourier Transform Image-Diffractogram

사진. | 레이저 토닝 8주 치료 후 멜라노좀 고해상도 이미지와 회절패턴 (오른쪽)

A. Image of melanosome

B. Melanosome of High resolution image using GIP

C. Inverse Fast

D. Fast Fourier Transform Image-Diffractogram

Diffraction pattern of melanosome

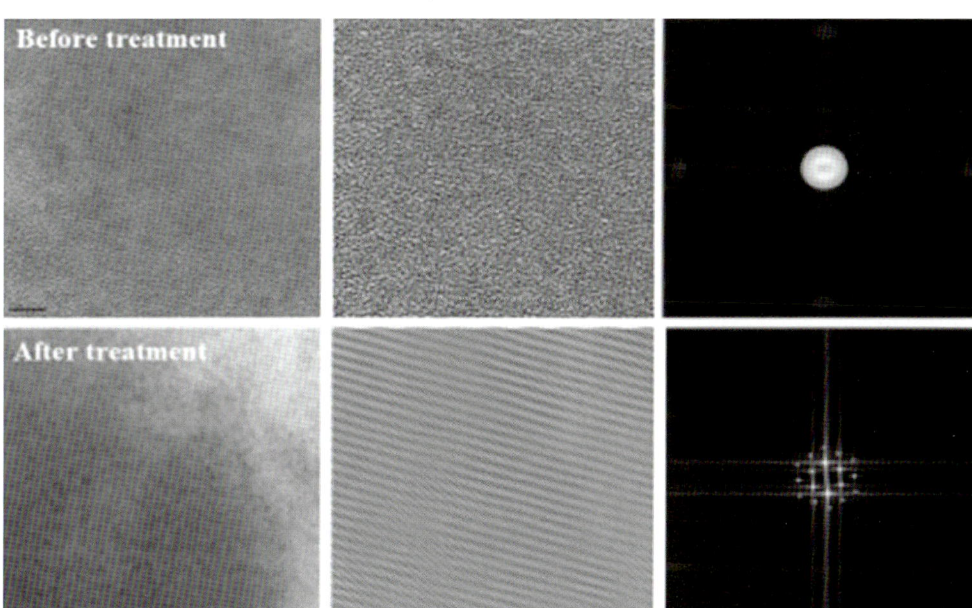

멜라노좀의 고해상도 이미지를 분석한 결과 다음과 같은 결과를 얻었다. 레이저 치료를 하기 전에는 특별한 단백질 패턴이 보이지 않았으나, 레이저 치료 후에는 특정한 단백질 패턴을 분석할 수 있었다.

Diffraction pattern of melanosome

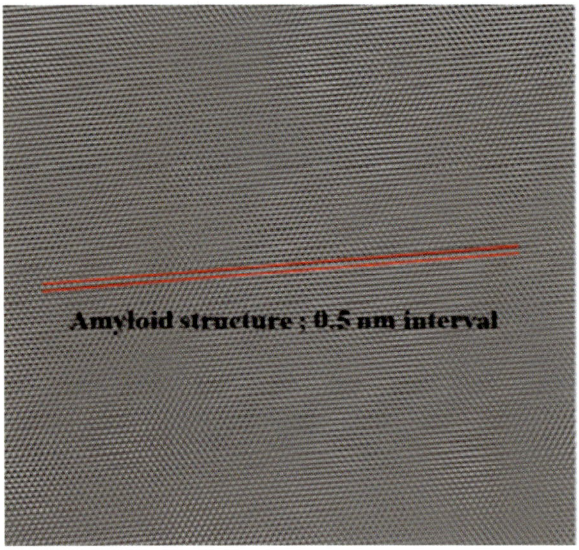

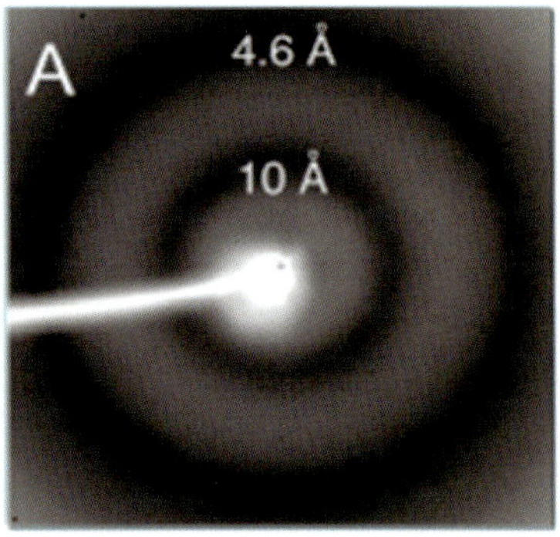

PLoS Biol. 2006 4(1):e6

0.5nm 간격의 구조로
b-sheet amyloid structure임을 확인

이 단백질은 0.5 nm 간격을 갖는 회절패턴을 보였고, 2006년 PLOS Biology에 발표된 타 연구자들의 결과로 미루어 보아 이들의 구조가 cross beta-sheet amyloid structure임을 알 수 있었고 단백질 스펙트럼과 비교한 결과 단백질 집합체인 amyloid 성분임을 확인하였다. 결론적으로 치료 전 보이지 않은 cross beta-sheet 구조물이 치료 후 선명하게 분석되어 이 구조물 위에 위치하고 있던 멜라닌이 레이저 토닝 치료 후에 선택적으로 광열분해된 것을 증명하는 최초의 직접적인 증거이다.

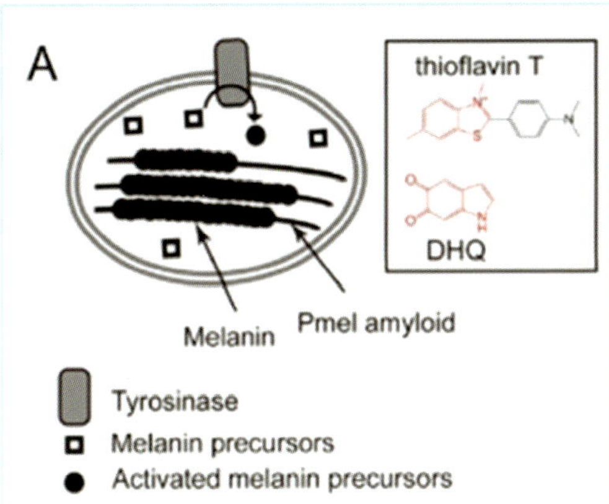

연구결과

- 한국인 멜라노좀의 구조 확인
- eumelanin의 합성과 축적
- 레이저토닝 전후 변화 확인
- 선택적으로 melanin이 분해됨
- amyloid의 b-sheet 구조 확인

In this study, high resolution image and diffraction pattern of melanosome proved the melanin specific photothermolysis of laser toning treatment.

즉, 이 결과는 레이저 토닝 치료 전에는 melanin의 축적으로 인해 보이지 않던 amyloid 구조가 레이저로 인해 선택적으로 멜라노좀내 melanin이 광열분해되어 Pmel amyloid의 cross beta-sheet 구조가 드러난 것으로 한국인 기미 환자의 피부에서 최초로 직접 관찰하였고 SSP 이론의 직접적인 근거이다.

F. 동물 실험 데이터: 제브라피쉬를 이용한 실험

인간 멜라노좀과 같은 기능의 melanophore가 있는 줄무늬어류인 제브라피쉬 모델의 경우 육안으로 색소의 변화를 관찰할 수 있는 장점이 있다.

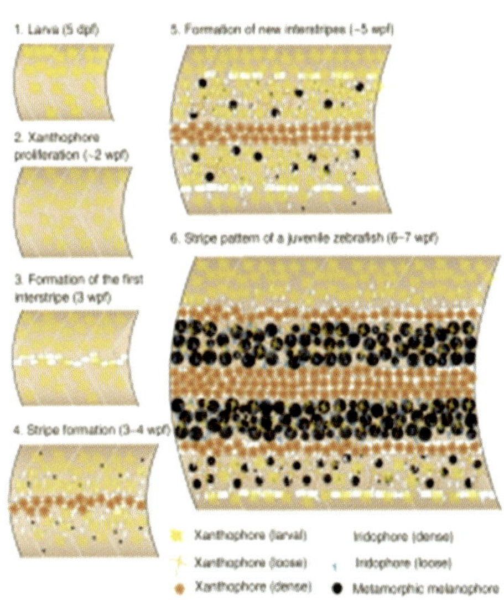

1) 레이저 토닝 이론이 Subcellular Selective Photothermolysis(SSP) 임을 입증하기 위한 동물실험 연구

전자현미경 연구를 통해 밝힌 사실들에 기초하여 레이저 토닝의 작용 기전은 SSP라고 확신하게 되었다. 이 후 low fluence에서 세포사 없이 멜라노좀내 색소만 제거할 수 있는지를 재현하기 위해 제브라피쉬를 선정하게 되었다.

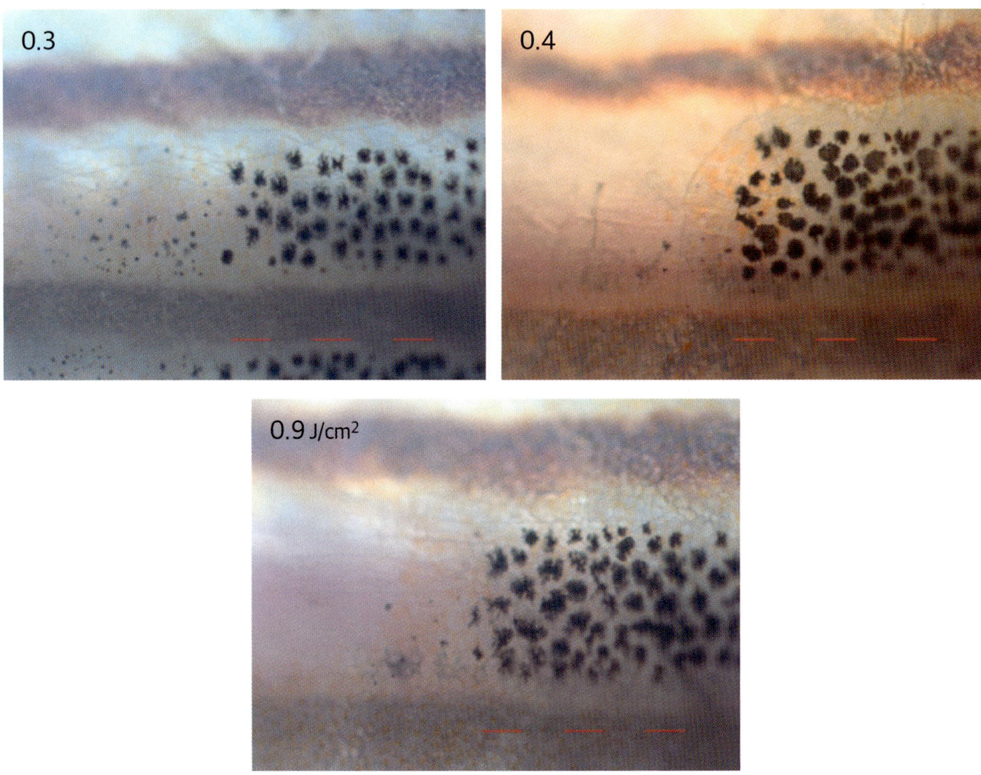

그림 | Q-switched Nd:YAG 레이저 조사 5일 후 제브라피쉬의 검은색 줄무늬에 있는 멜라노포어의 멜라노좀 변화. 0.4 및 0.9 J/cm2 레이저 조사 후 대부분의 멜라노좀이 5일째까지 사라져 색소가 없었다. 레이저를 조사하지 않은 대조부위 다수의 색소 반점은 0.3 J/cm2 에서는 유지되었다. Bar=1mm. (J Invest Dermatol. 2010 Sep;130(9):2333-5)

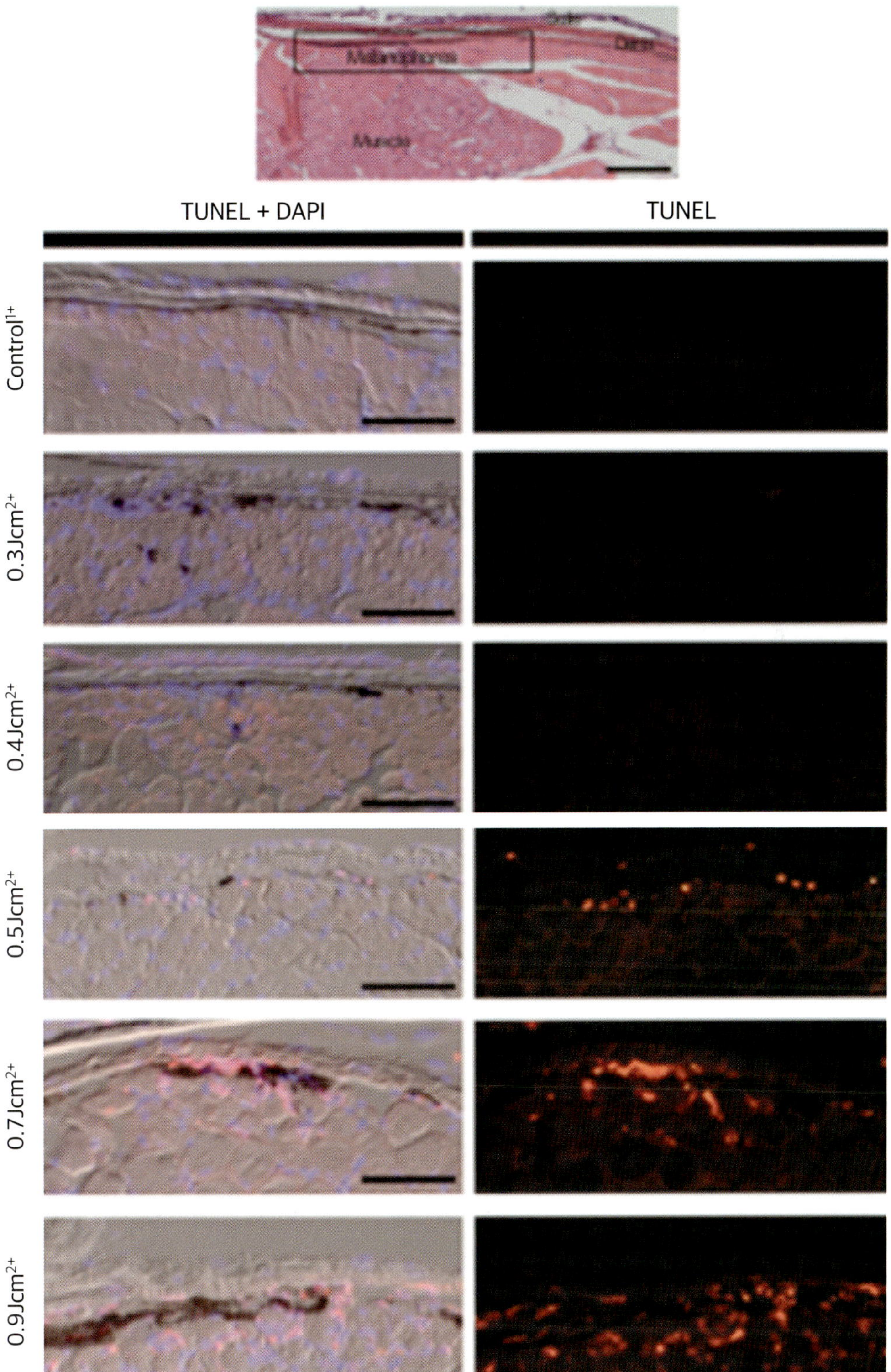
Melanophores
Muscle
TUNEL + DAPI
TUNEL
Control1+
0.3Jcm2+
0.4Jcm2+
0.5Jcm2+
0.7Jcm2+
0.9Jcm2+

그림 | 1064nm Q-switched Nd:YAG 레이저 조사 1일 후 제브라피쉬 피부의 TUNEL 및 40,6-diamidino-2-phenylindole 염색. 40,6-Diamidino-2-phenylindole 염색(파란색)은 다른 레이저 조사 에너지를 받은 샘플에서 정상 핵의 분포 및 수에 차이가 없음을 보여준다. 대조적으로, TUNEL 염색 (빨간색)은 레이저 조사 후 세포 사멸이 발생했으며 명확한 레이저 조사 에너지 의존성을 보여준다. 0.5 J/cm2 세기에서 자가사멸 세포는 피하의 가장 윗부분에 국한된다. 0.7 및 0.9 J/cm2 세기에서 세포사멸은 전체 피하층과 근육층에 널리 퍼져 있다. Bar=100um. (J Invest Dermatol. 2010 Sep;130(9):2333-5)

이 연구 결과를 종합하면 결론적으로 레이저 토닝 방식에서도 에너지 세기별로 세포사의 정도와 깊이의 차이가 있음을 알 수 있다. 또한 세포사가 일어나지 않으면서 색소를 제거하는 에너지 세기가 존재함을 동물실험으로 재현하여 입증하였고 결국 이는 레이저 토닝의 기본 이론이 Subcellular Selective Photothermolysis에 근거함을 증명하는 과학적 연구 자료이다.

2) 멜라노좀 제거 후 시간에 따른 색소 재침착의 변화 연구

레이저 토닝 방식의 조사 후 시간별 에너지 세기별로 색소 재침착을 확인하고자 추가 연구를 계획하였다. 이에 제브라피쉬 모델을 이용한 Depigmentation and Repigmentation 과정을 연구하였고 아래는 그 결과이다.

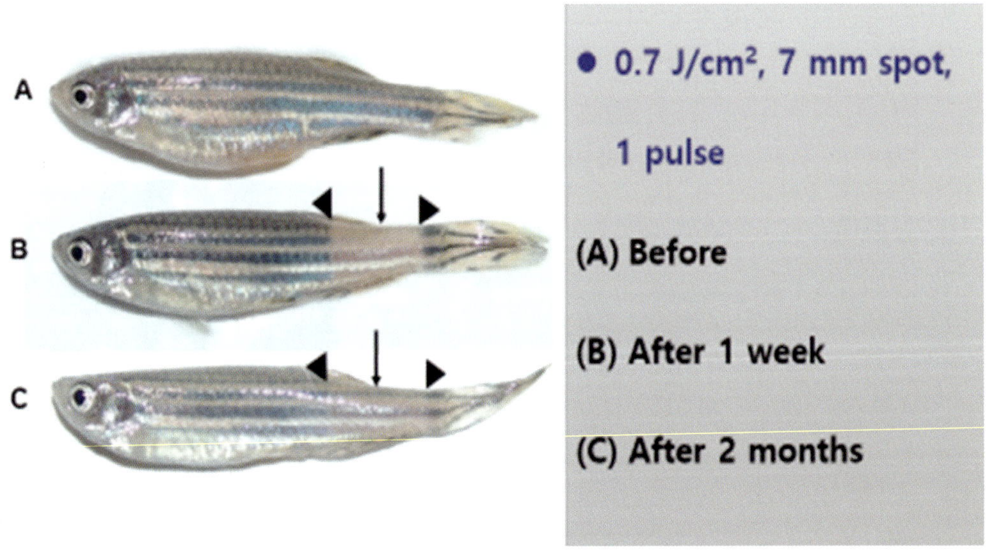

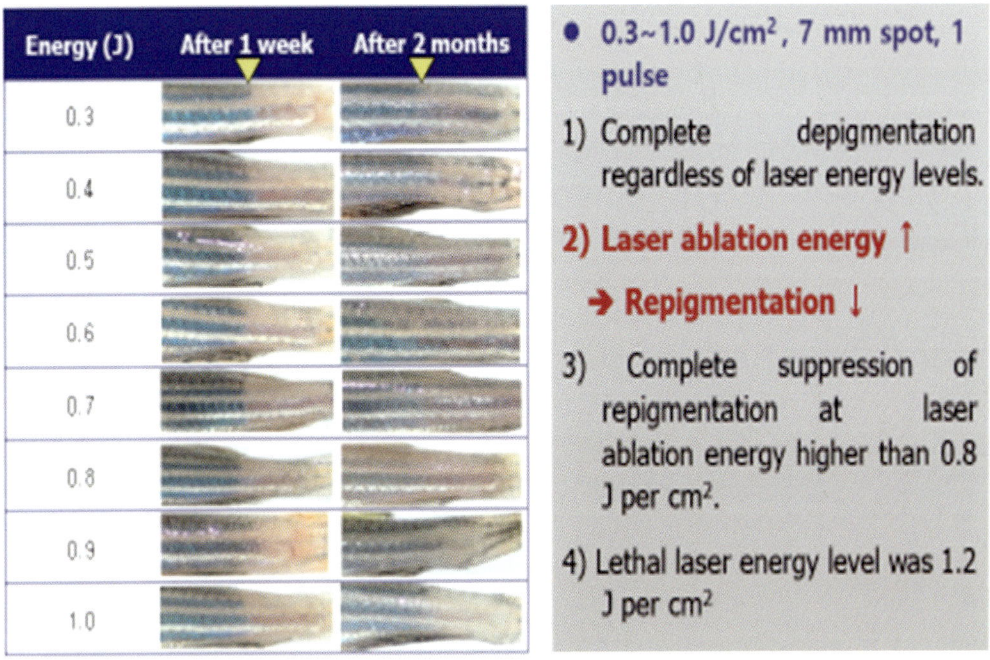

위 연구 결과는 Q-switched Nd:YAG 레이저 토닝에서도 세기가 증가할수록 색소재침착은 억제되었으며 0.8J 이상에서는 완전 억제가 가능하였다.

3). 레이저 토닝을 중단한 후 재발 양상과 멜라닌생성 억제제의 효과를 확인하고자 제브라피쉬 모델을 이용하여 연구하였다. J Cosmet Laser Ther. 2012;14:277-85에 발표한 자료.

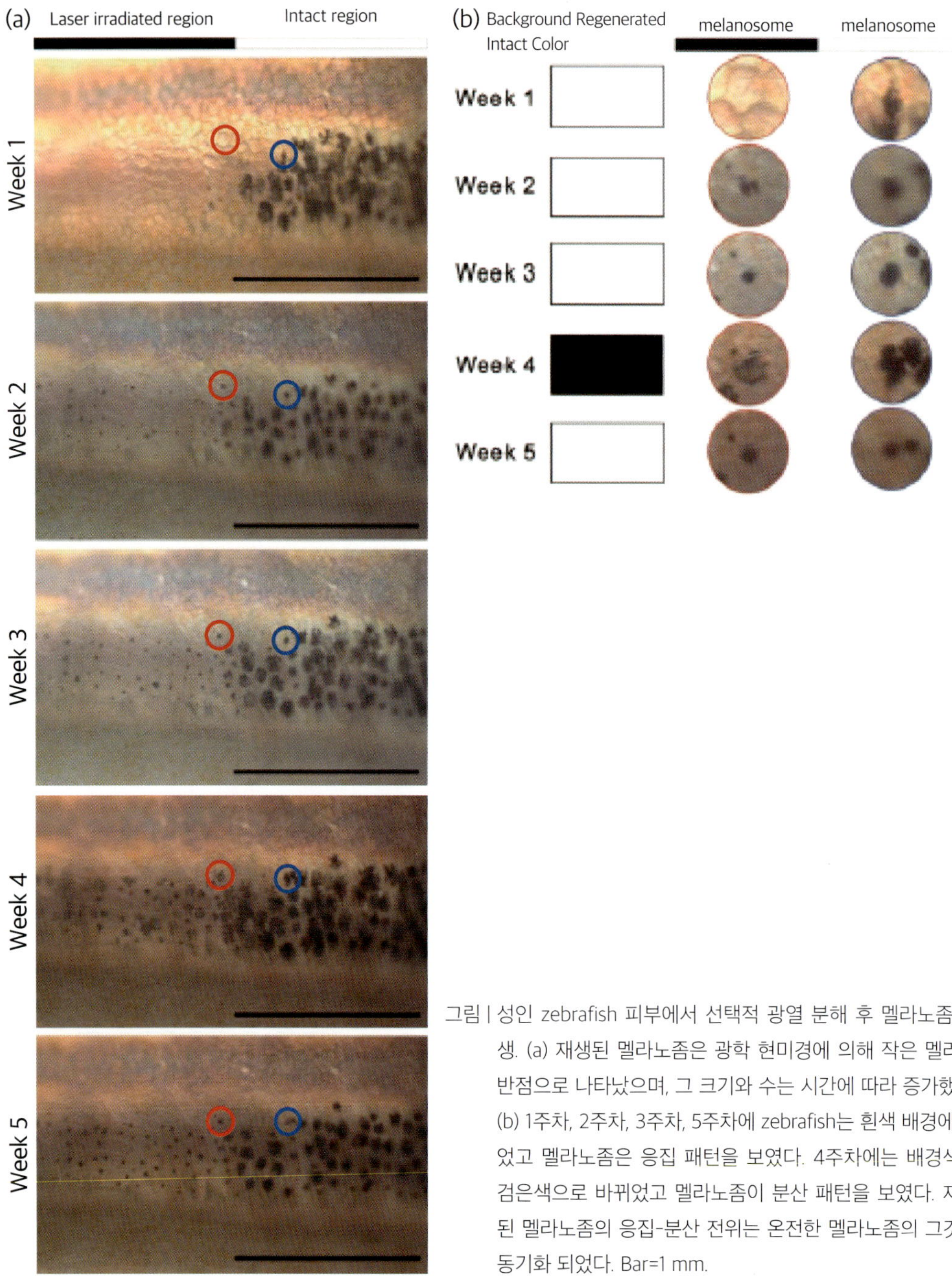

그림 | 성인 zebrafish 피부에서 선택적 광열 분해 후 멜라노좀 재생. (a) 재생된 멜라노좀은 광학 현미경에 의해 작은 멜라닌 반점으로 나타났으며, 그 크기와 수는 시간에 따라 증가했다. (b) 1주차, 2주차, 3주차, 5주차에 zebrafish는 흰색 배경에 있었고 멜라노좀은 응집 패턴을 보였다. 4주차에는 배경색이 검은색으로 바뀌었고 멜라노좀이 분산 패턴을 보였다. 재생된 멜라노좀의 응집-분산 전위는 온전한 멜라노좀의 그것과 동기화 되었다. Bar=1 mm.

연구 결과 첫째, 레이저 토닝은 멜라노좀 재생을 방해하지 않았다. 둘째, Tyrosinase 억제제는 약물 투여 중단 후 멜라노좀 재생을 방해하지 않았다. 셋째, 시판되는 Tyrosinase 억제제인 알부틴과 코직산은 멜라닌 재생을 완전히 차단할 만큼 강력하지 않았다. 우리는 이 동물 모델이 다양한 레이저 파장, 에너지 및 펄스 지속 시간에 대한 멜라노좀 재생 반응을 연구하는 데 더욱 활용될 수 있다고 생각한다. 또한, 이 연구와 시스템이 향후 보다 안전하고 효율적인 약물 개발에 중요한 멜라닌 생성 조절 화합물의 비교 효능 평가에 이용될 수 있을 것이다.

|제4장|

임상 적용: 레이저 토닝을 이용한 기미 치료

1. 치료 전 알아야 할 사항

1) 임상적으로 과색소 질환은 여러 가지 양상을 보이는데, 기미는 이 중 국소적인 반의 형태로 나타나며 염증후과색소침착(postinflammatory hyperpigmentation, PIH)이나 후천성진피색소이상증(acquired dermal melanocytosis) 등과의 감별이 필요하다.
2) 기미는 표피형 진피형 혼합형 등으로 나눌 수 있지만, 표피의 멜라닌이 증가되어 있는 표피형의 경우라도 진피의 멜라닌탐식세포가 발견된다는 사실이 밝혀지면서 진정한 진피형 또는 표피형이 존재하는지가 분명치 않다는 근거가 되고 있다. 이 둘의 감별이 필요한 이유는 표피형의 경우 좋은 치료 효과를 보이기 때문이다. 현재까지 확인된 기미의 병리조직학적 소견을 종합하면 기미 환자의 90%에서 표피 멜라닌과 진피내 멜라닌탐식세포의 증가 소견을 보인다. 따라서 표피멜라닌과 더불어 진피내 멜라닌탐식세포 내 멜라닌을 제거하는 것이 기미 재발을 줄이는 레이저를 이용한 기미 치료의 주요 목표물이라고 생각한다. (제3장 EM사진).
3) 진피내 멜라닌 탐식세포 유무를 발견하려면 치료 전 조직검사를 하여야 하며 멜라닌세포나 멜라닌탐식세포가 증가되어 있는지, 어느 부위에 무엇이 증가되어 있는지를 확인하는 것은 치료 전 계획에 중요하다.
4) 임상적으로 표피형인지를 확인하거나 감별하는 것은 매우 어렵다. 최근 논문에서 임상적으로는 불규칙한 경계나 생기는 부위, 색깔 등으로 기미를 다른 질환과 쉽게 구분할 수 있다고 하였으나 실제로 감별이 어려운 경우가 더 많다. 지금까지 이들을 감별하기 위해 우드등 검사, 피부이완법, 조직검사 등 여러 가지 방법들이 사용되어 왔다. 이 중 조직검사가 가장 신뢰하는 검사이나 얼굴부위 흉터 등으로 시행하기가 쉽지 않다.
5) 최근 Pigment International. Volume 4, Issue 2, July-December 2017 와 Surg Cosmet Dermatol. 2009;1:115-9 논문에서 더모스코피 검사를 통해 기미의 유형별 특징을 보고하였다. 표피형 기미는 약 90%에서 검출된 균질한 색소 침착의 망상 네트워크와, 표면에 어두운 미세한 과립이 있는 갈색 망상 네트워크의 흩어진 섬이 특징적이다. 반면, 진피형 기미는 18% 환자에게서 짙은 갈색 또는 회색의 균일한 색소 침착 병

변이 관찰되었으며, 일부 연구자들은 푸르스름한 회색 색소 침착을 가진 불규칙한 네트워크를 확인하였고, 청회색은 규칙적인 네트워크를 잃는 경향이 있다고 보고했다. 혼합형 기미는 36%의 환자에서 관찰되었으며, 이 결과는 다른 연구와 일치하였다. 또한, 연구에서는 망상 구상 패턴, 과립색소 침착을 가진 과장된 pseudo network, archiform 구조물, 외인성 ochronosis, 위축, 모세혈관 확장증 등의 여러 패턴이 관찰되었다. Charlín 등의 연구에서는 외인성 ochronosis 환자에서 청회색 영역이 모낭 개구부를 막는 것이 확인되었으며, Gil 등은 불규칙적인 갈색-회색, 구형, 환형 구조의 더모스코피 소견을 보고했다. Kandhari 등은 '벌레 같은 패턴'을 관찰하였고, 본 연구에서도 유사한 'wave-like' 패턴이 발견되었다. 표피형 기미는 일반적으로 연한 갈색으로 나타나며, 진피형 기미는 잿빛 회색과 짙은 갈색으로 구분된다. 이러한 사항은 통계적으로도 입증되었으며, 표피형 기미는 젊은 연령층에서 주로 나타나고, 중년층에서는 혼합형 패턴으로 보이는 경향이 있다. 이러한 관찰은 기미의 초기 발병 시 외부 요인으로 인해 표피에 색소가 축적되다가, 나이가 들어감에 따라 호르몬의 영향과 다양한 치료 요법의 결과로 혼합형 기미가 발생하게 됨을 시사한다.

6) 현재까지 확인된 기미의 병리조직학적 소견을 종합하면 기미 환자의 90%에서 표피 멜라닌과 진피내 멜라닌탐식세포의 증가 소견을 보인다. 따라서 표피멜라닌과 더불어 진피내 멜라닌 탐식세포 내 멜라닌을 제거하는 것이 레이저를 이용한 기미 치료의 주요 목표물이다. 실제 치료적 관점에서는 고려해야 할 사항은 임상적, 조직학적 분류보다 더 중요한 사실은 개인별로 멜라닌세포의 활동성의 차이가 있다는 사실과 이러한 과활동성은 임상 및 조직학적으로도 확인하기 어렵다는 점이다.

7) 기미의 치료는 기본적으로 국소 도포 치료, 경구용 제제, 화학 박피술, 레이저 치료 및 이들의 복합 치료가 제시되고 있으며, 이 중 자외선의 차단이 제일 중요하다. 현재 우리가 치료제로 사용하는 것은 대부분 멜라닌 생합성을 억제하는 물질을 이용하는 것이다. 여러가지 합성 경로를 억제하는 제제들이 사용되고 있으며 그 중 가장 잘 알려진 것들은 hydroquinone, tretinoin등이며 현재 가장 널리 사용하는 제제들은 tyrosinase inhibitors들이다. Tretinoin을 이용한 임상연구의 결과에서도 그 효과는 미미하며, 결국 멜라닌 생합성의 여러 단계를 복합적으로 차단하는 제제로 치료 효과를 높이고자 하

였으나 실제 그 결과는 만족스럽지 못하다. 특히 과색소침착에서 흔히 보이는 멜라닌 생합성의 과도한 활동의 최종 산물로 표피내 증가된 멜라닌들을 제거하는 방법론적 관점에서 위에서 언급한 방법의 한계는 분명하다. 결국 표피 멜라닌을 제거하거나 멜라닌을 함유하고 있는 멜라닌소체를 물리적으로 파괴하는 방법이 사용될 수밖에 없다.

• 국소도포제의 최근 진전: HQ 대체제의 개발

2-mercaptonicotinoyl glycine (Melasyl)을 주성분으로 함유한 새로운 혈청은 2024년 유럽피부과학회(EADV) 학회에서 발표된 무작위 대조 연구에서 얼굴 기미 치료에 있어 시스테아민 5% 크림보다 우수하지는 않더라도 최소한 시스테아민 5% 크림과 비슷했다고 보고했다 Melasyl is a new potent melanogenesis inhibitor that exhibits a unique mode of action while preserving melanocyte integrity, Melasyl는 멜라닌세포의 완전성을 보존하면서 멜라닌생성을 억제하는 새로운 물질이다. 치료 후 기미 면적 및 중증도 지수(mMASI:0~24)의 기준값 11.15 및 10.93에서 4개월 동안 각각 4.19 및 3.81로 감소했다. 연구 참가자가 어떤 제제를 사용하고 있는지 맹검된 조사관이 판단한 결과, 세럼을 사용한 군에서 크림 사용군보다 더 나은 성능을 보였다. 세럼으로 치료받은 환자들 중 기준선 대비 조사자 종합 평가(IGA) 점수가 유의하게 더 많이 감소했다(-51.85% 대 -39.06%; P= .0163)입니다.

또한, 치료 4개월 후, 크림을 사용한 환자보다 세럼을 사용했을 때 피부가 맑거나 거의 투명한 참가자가 훨씬 더 많았다(17.46% 대 7.81%; P = .0163). 하이드로퀴논의 장기 사용으로 인한 외인성 ochronosis에 대한 위험이 없었다.

인도의 한 센터에서 진행된 이 연구에는 기미가 있는 20-50세 성인 127명이 참여했다. 대상자는 1년 이상 안면 표피 또는 혼합 기미(피부형 III-V)가 있는 환자로 병변 부위에 자기전 세럼(n = 63) 또는 중성 모이스처라이저와 함께 바르는 시스테아민 크림(n = 64)을 받도록 무작위로 할당되었다. 치료는 4개월 동안 이루어졌으며 매달 방문하여 평가를 받았다. 모든 참가자에게 하루에 두 번(아침, 정오) 바르는 동일한 자외선 차단제와 아침과 저녁에 사용하는 중성 수분 클렌저가 제공되었다. 세럼에는 “항산화 보호”와 보습을 제공하는 다른 성분인 레티닐 팔미테이트와 히알루론산, 센텔라 아시아티카(Centella asiatica)와 같은 “진정제”가 포함되었다. 이 연구의 임상적 시사점: 4개월 동안 두 제품 모두 정체기에 도달하지 않고 기미가 크게 개선되었고 조사관이 판단한 혈청의 효능과 내약성이 우수하였다. 이 연구에 사용된 혈청이 기존 기미 치료제인 하이드로퀴논 함유 국소 제제가 안정성과 부작용으로 장기간 사용이 제한되는데 대한 대체제로서의 가능성이 있다. 이 연구는 2024년 3월 Melasyl을 출시한 L'Oréal France La Roche-Posay의 지원을 받았다.

8) 레이저가 개발되고 색소 질환에 시도되기 시작하였으나 2005년 이전에는 기미에 효과적인 치료법으로 사용되지 않았다. 그 이유는 색소를 선택적으로 파괴하기 위해 510nm, 694nm, 755nm, 1064nm의 네 가지 파장이 이용되었는데, 이 네 가지 파장의 레이저 모두 레이저 조사 후 광열효과가 심해 염증후색소침착을 유발하였기 때문이다. 진피의 색소까지 고려하면 1064nm가 가장 적합한 파장이지만, 당시에는 기술적 한계로 높은 fluence를 사용하여 과색소침착 등의 부작용이 발생하였다. Q-switched ruby와 Q-Switched Nd:YAG 레이저를 이용한 치료에서도 오히려 악화되는 경우가 많았다. IPL을 이용한 연구에서 일부 표피형에 효과적이었으며 난치성 기미에서 안전한 대안으로 사용할 수 있다고 주장하였으나, IPL 반복 치료 중 발생하는 열에 의한 손상 자체가 장기적으로는 오히려 과색소침착을 유발할 수 있는 가능성이 있다. 또한 치료 전후에 멜라닌세포의 기능을 억제하는 국소복합제제의 지속적인 사용이 필요한 문제점이 있다. 2005년 이후, fractional photothermolysis라는 새로운 개념의 레이저가 도입되고 기미에도 시도하게 되었다. 여기서는 microthermal treatment zone(MTZ)를 생성하여 기저 멜라닌세포와 각질세포의 표피 진피부분을 응고시켜 치료효과를 보일 수 있다. 일반적으로 색소침착 가능성은 표피 및 기저세포층의 손상 정도, Thermal damage 정도에 비례해서 위험성이 증가한다고 알려져 있다. 따라서 coverage를 20% 보다 낮추고 낮은 에너지로 반복 치료할 경우 난치성 기미에서 일부 성공할 가능성이 있다. 그러나 이와 관련하여 현재까지 보고된 임상연구는 미미하며 무작위 대조군 연구가 없는 실정이다. 다만, 일부 소규모 연구에서 Fraxel 레이저를 일부 백인의 난치성 기미에 3주 간격으로 2회 치료 6개월 후 기미의 감소가 확인되었고 기존의 다른 레이저 치료법보다 위험과 단점이 적다고 주장하였으나, 소수의 백인을 대상으로 한 연구로 더 많은 환자를 대상으로 한 장기간의 연구가 필요하다. 다른 동양인에 대한 보고에서도 약 30%에서 효

과가 없고 효과가 있는 경우도 염증후과색소침착이 자주 발생하므로 low energy, low density를 이용하는 방법으로 그 효과를 높일 수 있다는 주장이 있다. 결국 이러한 시도는 아직 검증되지 않았고, 이 방법 역시 색소병변에 대한 선택적인 치료법이 아니므로 그 이용에 제한이 따른다고 생각한다.

2. 기미 등 과다색소침착증의 레이저 토닝 치료 파라미터

레이저 토닝의 목적은 과도하게 생산된 멜라닌을 주변 조직에 열손상을 최소화하면서 제거하고 활성화된 멜라닌색소세포에서 각질세포로의 멜라노좀 전달을 차단하여 안정화하는 것이다. 따라서 색소병변에 레이저 토닝을 시행할 때 Over-Toning 을 하지 않도록 주의해야 한다. 아래 문헌에 보고된 타연구자들의 파라미터 시술방법과 저자의 방식과의 차이를 확인할 수 있다.

• Others Parameter

1. Pass: 3~10
2. Fluence: 1.6~5.0J/cm2
3. Speed: >10Hz
4. Spot size: 6~8mm
5. Intervals: variable

• Our Parameter

1. Pass: 2~3
2. Fluence: 1.4~2.0J/cm2
3. Speed: >5~10Hz
4. Spot size: 7mm
5. Intervals: 1~2 week

3. 기미 대상 임상 연구로 치료에 도움이 되는 것들

1) Dermatol Surg 2010;36:909-918

Low-Fluence Q-Switched Neodymium-Doped Yttrium Aluminum Garnet Laser for Melasma with Pre- or Post-Treatment Triple Combination Cream

SE-YEONG JEONG, MD,* JAE-BIN SHIN, MD,* UN-CHEOL YEO, MD, PHD,† WON-SERK KIM, MD, PHD,‡ AND IL-HWAN KIM, MD, PHD*

BACKGROUND Topical triple combination (TC) treatment is considered the primary approach to melasma. Recently, collimated low-fluence 1,064-nm Q-switched neodymium-doped yttrium aluminum garnet (Nd:YAG) laser treatment has attracted attention as an alternative approach.

OBJECTIVES To compare the clinical efficacy and adverse effects of low-fluence Q-switched Nd:YAG laser when performed before and after treatment with topical TC using a split-face crossover design.

METHODS Thirteen patients with melasma received topical treatment with TC cream or 1,064-nm Q-switched Nd:YAG laser treatment on opposite sides of the face for 8 weeks, and then treatments were reversed for 8 weeks. Responses were evaluated using the Melasma Area and Severity Index scoring system, spectrophotometry measurements, and a subjective self-assessment method.

RESULTS After 16 weeks, better results were seen in subjective assessments when laser treatment was used after 8 weeks of topical TC treatment than before usage of TC. There were no significant adverse effects with the laser treatments.

CONCLUSIONS Laser treatment after topical TC cream was found to be safer and more effective than the post-treatment use of topical agents.

The authors have indicated no significant interest with commercial supporters.

이 연구는 기미의 국소도포 표준치료제인 TC를 레이저 토닝과 어떻게 사용하는 것이 더 효과적인지 확인하기 위해 계획되었다. 먼저 TC 도포 치료 후 레이저 토닝을 시술하는 경우와 레이저 토닝 후 TC 도포법 두 가지 방법을 비교했다. 치료를 끝낸 후 11개월 후에 추적 관찰이 수행되었다. 이 연구에서 가장 주목할 만한 발견은 그룹 A(TC 도포치료 후 레이저 치료)가 치료 16주 후에 더 나은 결과를 보였다는 것이다. 그룹 B와 비교했을 때, 그룹 A의 MASI 및 분광광도계 결과는 6명의 환자에서 더 많이 개선되었고, 4명의 환자에서는 동일하게 유지되었으며, 1명의 환자에서는 더 악화되었다. 이 결과는 우편설문에 의한 주관적 평가의 결과이다. MASI 점수 결과와 분광 광도계 측정은 통계적으로 유의하지 않았는데 이는 통계적 유의성을 충족하기 위해 필요한 200명의 피험자 수보다는 적은 샘플 수로 통계적 유의성은 확인할 수 없는 본 연구의 한계였다. 또 다른 주요 소견은 레이저 치료가 TC 크림보다 더 효과적인 것으로 밝혀졌다는 것이다. TC 도포치료 전후 MASI 점수는 초기 8주 동안 0.42였던 반면, 레이저 치료 후에는 1.46이었다. 또한, B군의 45%의 환자가 초기 레이저 치료 후 완전한 관해를 보였는데, 이는 초기 TC 치료 후 15%(2명)보다 3배 높은 수치였다. 이 결과는 초기 및 추가 8주간의 치료와 추가 8주간의 분광 광도계 측정에서 MASI 점수로 뒷받침되었다($p<0.05$). 초기 레이저 치료 후 악화가 관찰되지 않은 반면, 3건(23%)은 초기 TC 치료 후 악화를 보였다. 증상이 악화된 3명의 환자 모두 후속 레이저 치료에서 호전되었으며, 이는 TC 치료에 부분적인 반응을 보인 환자들의 상태도 개선시켰다. 반면, B군의 대다수 증례는 TC 투여 후 병변이 재발하거나 악화된 것으로 나타났으며, A군의 환자 3명은 레이저 치료 후 TC 투여에 반응하지 않았다. 치료 중단 11개월 후의 장기 추적 결과, 2명의 환자에서 완치 상태가, 9명의 환자에서 경미한 악화가 나타났다. 재발은 치료 후 3개월 이내에 발생했다. 완치된 환자 2명은 Malar형 기미와 피부형 III형으로, 이는 아시아인의 밝은 피부형이다. TC 치료 후 자극이 거의 없었고 레이저 치료 후 홍반이나 부종이 거의 없었다. 레이저 치료는 심각한 미용 문제인 punctuate leucoderma 과 같은 부작용을 유발하는 것으로 보고되었으나 본 연구에서 사용한 방식으로 이 문제를 예방할 수 있다는 것을 발견했고 장기 추적 관찰 결과 유의미한 부작용이 나타나지 않았다. 다양한 임상적 반응과 재발은 환자마다 다른 피부 민감성, 모세 혈관 확장증, 염증 및 홍반과 같은 선행 피부 요인에 기인하는 것으로 추정되었다. 따라서 치료 방법은 기미 유형에 맞게 조정되어야 하며 대다수의 기미 환자는 혼합형이므로 복합 요법이 권장될 것이다. 본 연구에서는 TC 크림 단독요법이 그 효과가 제한적이라 병용요법이 필요한 것으로 확인되었다. 연구 결과도 재발을 막기 위해 유지 요법이 필요하다는 것을 보여주었다. 결론적으로, 본 연구의 가장 큰 특징은 TC 크림 치료와 collimated low-fluence 1,064-nm Qs Nd:YAG 레이저 토닝 병용 치료 방법과 비교를 객관적인 데이터와 장기 추적 관찰 결과를 이용하여 연구한 최초의 연구라는 점이다. Collimated low-fluence Q-switched Nd:YAG 레이저를 이용한 치료는 안전하고 효과적이었다. TC 크림으로 8주 치료후 레이저 토닝을 병용하는 치료법이 기존 치료에 저항하는 난치성 기미 치료에서 가장 효과적인 치료법의 하나로 고려되어야 할 것이다.

2) Clinical and Experimental Dermatology, 2013, 38, 167-171

Clinical dermatology • **Concise report**

CED
Clinical and Experimental Dermatology

Histopathological study of the treatment of melasma lesions using a low-fluence Q-switched 1064-nm neodymium:yttrium–aluminium–garnet laser

J. E. Kim,[1,2] S. E.Chang,[1] U. C. Yeo,[3] S. Haw[1] and I.-H. Kim[4]

[1]Department of Dermatology, Asan Medical Center, Seoul, Korea; [2]Department of Dermatology, Hanyang University Hospital, Seoul, Korea; [3]Jongno S and U Dermatologic Clinic, Seoul, Korea; and [4]Department of Dermatology, Korea University Ansan Hospital, College of Medicine, Korea University, Ansan, Korea

doi:10.1111/j.1365-2230.2012.04473.x

Summary

The low-fluence 1064-nm Q-switched neodymium:yttrium–aluminium–garnet (QSNY) laser is a widely used treatment for melasma in East Asia, although its mechanism of action is unclear. The aim of this study was to elucidate the mechanism of action of the QSNY laser. We performed a histopathological study on eight Korean women who had considerable improvement in their melasma lesions after a series of low-fluence QSNY laser treatments. Compared with nonlesional skin, samples from melasma lesions showed increased reactivity in melanin (Fontana–Masson staining) and in melanogenesis-associated proteins, including α-melanocyte-stimulating hormone, tyrosinase, tyrosinase-related protein (TRP)-1, TRP-2, nerve growth factor and stem cell factor. After laser treatment, the melasma skin showed a decrease in the number of melanosomes and reduced expression of melanogenesis-associated proteins. Expression levels of the melanogenic proteins were reduced after laser treatment, although the number of melanocytes was unchanged even in hypopigmented areas. Based on these results, we believe that repeated application of low thermal energy via QSNY laser may result in damage to melanocytes and long-lasting hypopigmentation.

이 연구는 한국 여성 8명을 대상으로 저선량 3.0 J/cm^2 Q-스위치 1064-nm Nd:YAG 레이저로 병변을 치료하고 치료 전 후에 피부 생검을 시행하였다.

조직병리학적 변화로, 치료 전 기미 병변 내의 멜라닌 반응성 및 멜라노젠 양과 관련된 단백질 발현이 증가하였다. 치료 후 기미 환자 피부에서는 멜라노좀이 감소하였고, 단백질의 발현 수준도 줄어들었다. 이로 인해 피부 밝기가 개선된 것으로 관찰되었다. 치료 후 멜라닌 세포의 수는 변동이 없었으나, 특히 저피부색소화된 부위에서는 감소 경향을 보였다. 이 연구는 저선량 Q-스위치 1064-nm Nd:YAG 레이저가 기미 치료에서 유의미한 효과를 나타내며, 조직병리학적 변화가 멜라닌 세포와 관련이 있음을 보여주었다. 연구자들은 반복적인 치료를 통해 기미의 장기적인 관리가 가능할 것이라고 결론지었다.

연구 결과에 따르면, 반복적인 저온 열 에너지의 적용이 멜라닌 세포에 손상을 주어 피부의 색소를 줄이는 방식으로 기능하고 있음을 알 수 있습니다. 이는 임상적이며 조직학적으로 확인되어 향후 치료 연구와 임상적 적용에 참고할 수 있는 자료를 제공한다.

3) JOURNAL OF COSMETIC AND LASER THERAPY. 2017, VOL. 19, NO. 2, 114-123

JOURNAL OF COSMETIC AND LASER THERAPY
2017, VOL. 19, NO. 2, 114–123
http://dx.doi.org/10.1080/14764172.2016.1262958

Taylor & Francis
Taylor & Francis Group

ORIGINAL ARTICLE

Comparative study of dual-pulsed 1064 nm Q-switched Nd:YAG laser and single-pulsed 1064 nm Q-switched Nd:YAG laser by using zebrafish model and prospective split-face analysis of facial melasma

Hee Won Jang[a], Seung Hyun Chun[b], Hae Chul Park[c], Hwa Jung Ryu[b], and Il-Hwan Kim[b]

[a]Department of Dermatology, Arumdaun Nara Dermatologic Clinic, Seoul, Korea; [b]Department of Dermatology, College of Medicine, Korea University Ansan Hospital, Ansan, Korea; [c]Laboratory of Neurodevelopmental Genetics, Graduate School of Medicine, Korea University, Ansan, Korea

ABSTRACT

Background: Recently dual-pulsed low-fluence 1064-nm Q-switched Nd:YAG (QSNY) laser has been developed for reducing complication during melasma treatment. **Objective:** Comparison of the efficacy and safety between dual-pulsed mode and single-pulsed mode for the treatment of melasma. **Materials and methods:** In preclinical study, adult zebrafish were irradiated with dual-pulsed and single-pulsed mode. Changes of melanophore and cell death were assessed. In split-face clinical study, dual-pulsed and single-pulsed mode were irradiated on the left and right side of the face, respectively. L* value, clinical digital photos, modified Melasma Area and Severity Index (MASI) scores, and side effects were measured. **Results:** As compared to single-pulsed mode and dual-pulsed mode with longer intervals, zebrafish melanophore was cleared quickly at dual-pulsed mode with 80-μsec interval and 0.3 J/cm^2 fluence. Dual-pulsed mode showed the least regeneration of melanophore at 4 weeks after irradiation and no cell death was observed with 80-μsec interval. Both pulse modes improved melasma significantly but modified MASI score and L* value were not significantly different between each other. Lesser pain and shorter duration of post-laser erythema were observed with dual-pulsed mode. **Conclusion:** Dual-pulsed mode was as effective as single-pulsed mode for the treatment of melasma and revealed less side effects.

ARTICLE HISTORY
Received 30 May 2016
Accepted 16 November 2016

KEYWORDS
Nd:YAG; zebrafish; melasma

본 연구의 목적은 이중 펄스(dual-pulsed) 1064 nm Q-스위치 Nd:YAG 레이저와 단일 펄스(single-pulsed) 1064 nm Q-스위치 Nd:YAG 레이저의 멜라스마 치료 효과를 비교하였다. 제브라피시(zebrafish) 모델과 기미 환자의 얼굴을 대상으로 분석하였다. 제브라피시 모델에서는 각각의 레이저 치료에 대해 피부 색소 침착 변화를 관찰하였고 20명의 기미 환자의 얼굴을 반으로 나눠 (split-face) 각각 이중 펄스 및 단일 펄스 레이저를 적용하는 방법으로 진행하였고 각 세션은 2주 간격으로 총 10회의 세션이 시행되었다. 이중 펄스모드는 80μs의 간섭 시간을 갖고 낮은 에너지 플루언스를 적용하였고 단일 펄스 모드에서는 같은 에너지 플루언스를 적용하여 기미 병변을 치료하였다. 각 치료 후 Modified Melasma Area and Severity Index (mMASI)와 피부색을 측정하는 방법이 사용되었다. 결과: 이중 펄스 레이저는 단일 펄스에 비해 더욱 빠르고 효과적인 멜라닌 제거를 보였다. 제브라피시 모델에서 이중 펄스 치료가 멜라닌 세포 제거에 유의미한 결과를 나타냈고, 이로 인해 단일 펄스에 비해 기미 증상 개선이 더 빨라졌다. 통증 및 부작용: 환자 모니터링 결과, 이중 펄스 치료에서 부작용이 적고 통증이 감소하는 경향을 보였다. 치료 후 발생하는 통증의 정도가 이중 펄스 치료 시 더 낮았다는 평가를 받았다. 연구 결과, 이중 펄스 Q-스위치 Nd:YAG 레이저가 단일 펄스 레이저보다 기미 치료에서 유의미하게 개선된 효과를 보여주었으며, 통증과 부작용이 적은 장점을 보였다. 추후 더 많은 수와 다양한 환자 집단을 대상으로 한 연구가 필요하며, 이중 펄스 레이저의 다양한 조건 및 치료 변수를 설계하여 최적의 치료 효과를 연구하는 것이 중요하다.

4. 기미 등 색소질환의 일반적 치료 가이드 라인

• 현재 문헌에서 제시되는 기본 원칙들과 치료법들이다.

① 멜라닌 세포 활동을 억제: 자외선 차단과 악화인자 회피

② 멜라닌 합성의 억제: 국소탈색제(Hydroquinone) 또는 TCC 국소도포치료

③ 표피 멜라닌의 제거: 화학 박피술(Glycolic acid, Salicylic acid, 등)

④ 표피멜라닌과 멜라닌세포내 멜라노좀 입자의 파괴: 레이저 토닝(Q-switched Nd:YAG 등)

⑤ 치료에 전혀 반응하지 않은 경우: Camouflage makeup

• 아래 내용은 리뷰 논문 등에서 제시하는 구체적인 치료법과 검토의견.

1). 자외선 차단

1) 자외선(UV)과 가시광선(VL) 모두 기존 색소이상증을 악화시키므로 모든 색소질환 환자들은 SPF30의 틴티드 선크림을 매일 사용하는 것이 좋다.

2) 자외선 차단제의 철 산화물은 VL을 보호하고 기미와 같은 색소 이형성증의 색소 침착 악화를 예방한다.

2). 국소도포제

1) 1차 국소도포 치료제: 2~4% hydroquinone, Triple combination cream (TCC)

단점: 자극, 고농도로 장기간 사용할 경우 ochronosis(드물게 발생) 위험 증가.

2) 천연물-자극감은 적고 사용은 용이하나 효과는 약해 혼합하여 사용한다: azelaic acid, kojic acid, ascorbic acid, niacinamide, arbutin, bakuchiol, thiamidol

3) Tranexamic acid (TXA) 도포제: 효과에 대해 상반된 연구 결과가 존재한다.

3). 경구제

① 저용량 TXA-thromboembolic events의 위험인자가 없는 경우 효과적

② 저용량 isotretinoin 요법이 Lichen planus pigmentosus (LPP)나 Erythema dyschromicum perstans (EDP)에 효과가 있음.

4). 처치술

① Chemical peels-GA, TCA 등 사용, 효과가 있으나 시술자의 경험에 좌우됨, 적절환 환자의 선택, 전처치와 후처치 등의 개인별 차이와 어려움이 존재함.

② Microneedling-제한적 근거, 증거 불충분 상태

③ Intense pulsed light (IPL) - 재발위험이 높고 유색인종에서 PIH 위험이 높다.

④ Q-switched Nd:YAG & Picosecond laser: 효과적이며 위험도도 낮으나 재발 위험은 높다.

⑤ Nonablative fractionated laser: 피부형 1~3형에서 효과적, 재발 위험이 높다.

⑥ Ablative fractionated laser - 색소질환에 추천되지 않는다.

(참고저널: CME Volume 88, Issue 2p291-320 February 2023, JAAD)

• 기미 환자 진료에 대한 저자의 경험과 의견

현재 기미에 대해 알려진 이론적 내용과 실제 임상에 적용하는 치료가이드라인은 다음과 같다. 먼저 호르몬 증가(혈중 estrogen, progesterone 수치)가 기미를 유발하고 악화시키는지에 대한 연구에서 그 역할에 대해 아직까지 증명되지 않았다. 임신 또는 경구피임제는 일반적으로 기미와 연관되어 있고 출산이나 복용중단 후에도 기미는 지속된다. 따라서 임산부가 아닌 경우 호르몬증가와 기미 발생간 분명한 인과관계가 증명되지 않아 호르몬 증가에 대한 스크린 검사는 추천되지 않는다. 그러나 자외선은 확실한 기미의 시작과 악화인자이다. 기미가 발생한 여성이 최초로 시작해야 할 치료 옵션들 중 현재의 근거를 바탕으로 서양인에서 추천되는 치료법은 다음과 같다. 하루 2회 4% HQ 도포 또는 매일 triple combination cream

도포와 규칙적인 광범위 자외선 차단제 도포법이 최선이다. 그리고 연속적인 GA 박피술과 국소HQ 도포, 규칙적인 자외선차단과 함께 국소 tretinoin 도포, Fractionated lasers 등의 시도는 1차치료법으로는 적합하지 않거나 그 효과가 낮은 것으로 연구되었다. 따라서 일단 1차 치료법으로 치료한 후 효과가 없는 경우에도 다음단계로Triple combination cream내 HQ 농도를 높여 시도하는 것이 추천되고 있다. 그러나 위와 같은 서양인을 대상으로 한 치료 지침의 단점은 시간이 오래 걸리고 효과가 서서히 나타나며 (평균8주후) 우리나라 환자들에 그대로 적용하기 곤란하다. 실제로 고농도 HQ이나 RA는 자극 증상 등 부작용으로 적응하지 못하는 환자가 많고 일정시간 이상 지속 사용 후 나타나는 부작용이 환자 순응도를 낮추고 효과적인 치료법으로 지속하기 어렵다. 따라서 2~3개월간의 국소 도포 치료법으로 효과가 없는 난치성 기미의 경우 연속적인 Glycolic acid나 Salicylic acid 박피술, Fractional laser, IPL therapy, Copper bromide lasers(육안으로 관찰되는 혈관성 병변이 있은 기미에 적용) 등이 일부 환자에서 효과적인 방법으로 연구 소개되어 국소치료법들과 병합하여 치료하는 시도들이 있었으나 아주 제한적으로 사용하여 보고된 경우들이었다. 지금까지 난치성 기미 치료를 위해 현재 가능한 레이저들을 이용한 많은 시도들은 대부분의 경우 기미를 악화시키거나 일시적인 호전만 보였고 잘 못 사용하면 오히려 더 악화시키는 부작용의 잠재적 위험성이 높았다. 이에 반해 환자의 상태에 따라 단계별로 국소치료부터 레이저 토닝으로 관리하는 저자의 단계별 접근법은 서양 리뷰 논문들에서 언급하는 재발위험도도 높지 않게 관리되는 등의 여러가지 장점이 있다. 아래 임상 증례들에 대한 저자의 경험 등을 참고하여 환자 개개인별 피부상태를 정확히 판단하여 단계별 접근법을 고려하기 바란다.

5. 임상 증례: 난치성 기미 환자의 레이저 토닝 관리 임상

기미 치료에 대한 기존 치료법의 한계: 현재 가이드라인이 제시하는 기존 치료법의 한계를 넘어 더 나은 방법론의 새로운 시도나 치료적 접근법이 요구되는 상황이었다. 아래 기미 환자에 대한 그동안 연구한 내용과 새로 정립한 개념, 그리고 이에 근거한 나의 치료법 등을 소개한다.

가. 레이저 토닝 시작 전 먼저 고려해야 할 사항들

1) 장벽기능의 손상과 장기간의 염증후 색소침착증 (postinflammatory melanosis)에 대한 치료를 선행한다. 만성 과자극성 색소침착증에 대한 선행 치료로 장벽파괴를 수복하는 것과 물리적 만성 과자극에 의한 염증 상태를 해소하는 것이 필요하다. 「얼굴을 문지르지 않는다」와 같은 환자의 생활습관을 개선하도록 교육한다. 만성적으로 지속되는 염증 상태를 먼저 교정하여야 멜라닌의 과잉 생산을 중단시킬 수 있고 지속되는 멜라닌의 증가가 표피에서 기저세포층의 손상과 함께 진피에까지 도달하지 않게 된다.

2) 현존하는 각각의 치료법의 원리와 작용 기전을 잘 이해하고 시행한다. 과잉 생산된 멜라닌을 함유한 표피세포의 완전교대(turnover)에는 약1개월이 소요된다. 화학 박피술(살리실산20~30%)는 이 시간을 단축시킬 수 있다. 그러나 표피형이라 하더라도 피부에 염증 증상이 있고 홍반이 현저한 경우 IPL이나 화학박피 등을 사용하지 않는다.

3) Hyperactive melanocytes를 억제하고 PIH risk를 낮추기 위해 bleaching agents(HQ, Triple combination cream), 기타 저자극 탈색제와 자외선차단제는 치료 전 적어도 6주이상 약3개월 정도 유지한다.

4) 아시아인의 경우 PIH 위험도가 높아 단계적 접근으로 손상을 최소화하는 시술이 중요하다. 국소 치료에 한계를 보이는 단계에 도달한 난치성의 경우 레이저를 이용한다. 멜라닌의 증가가 매우 분명한 표피형은 표피를 벗겨내는 화학박피 등의 치료가 선행 치료법으로 시도할 수 있으며 진피형은 박피형 레이저(CO2 lasers, Fractional skin resurfacing: 1540-nm laser)의 일부 효과 보고에도 아시아인에서는 합병증의 위험성이 높고 부작용이 흔히 발생하며 일상 생활로의 복귀에 많은 시간이 걸리므로 사용하지 않는다.

5). 아래 증례들은 전형적인 기미 증례들로 난치성으로 의뢰되어 내원한 환자들의 치료 경과 임상사진이다.

위에서 기술한 가이드라인을 따라 국소도포치료를 선행한 후 레이저 토닝을 추가하여 관리하였다. 먼저 피부 장벽기능 등을 회복시키고 활성화된 멜라닌세포의 안정화를 위한 국소도포치료요법을 3개월 정도 시행하였다. 이 후 2~4주 간격의 레이저 토닝(1.4~2.0J)으로 기미 병변과 얼굴 전체 피부를 관리하여 더 이상의 악화되지 않는 상태를 유지하였다.

증례1. F/38, 2008.5. 치료 전

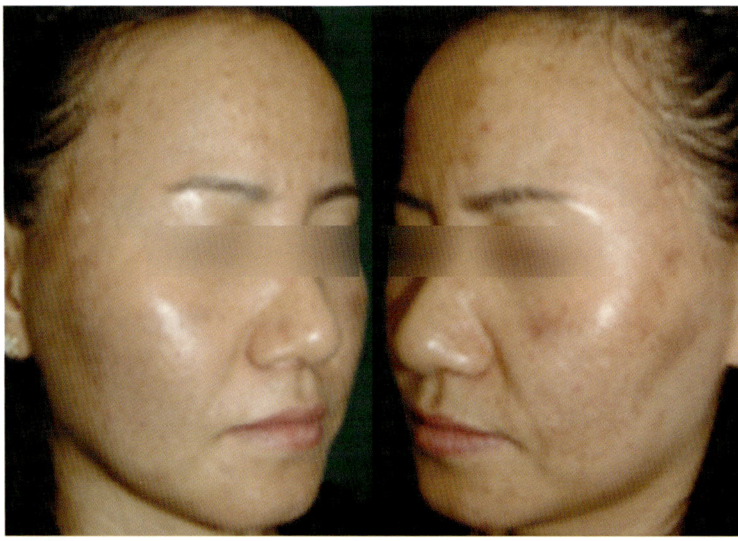

2009.5

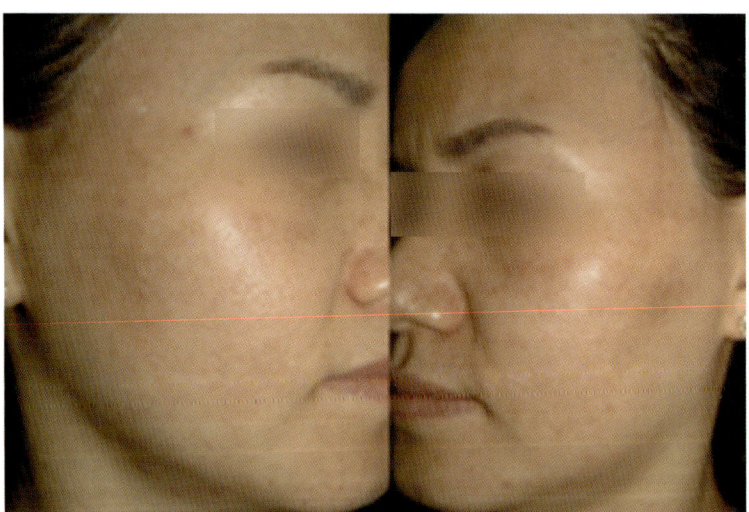

2009.7

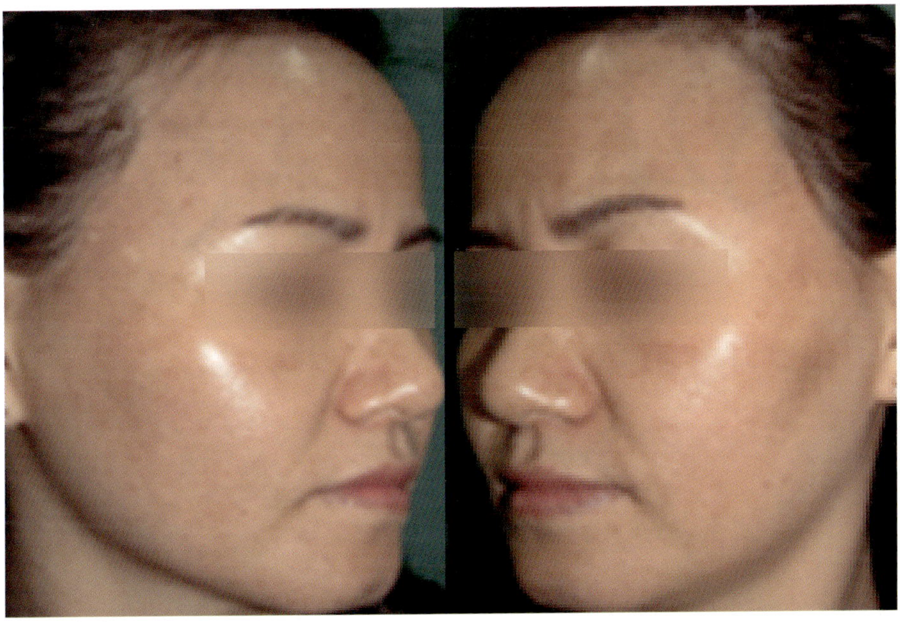

2010.4~6

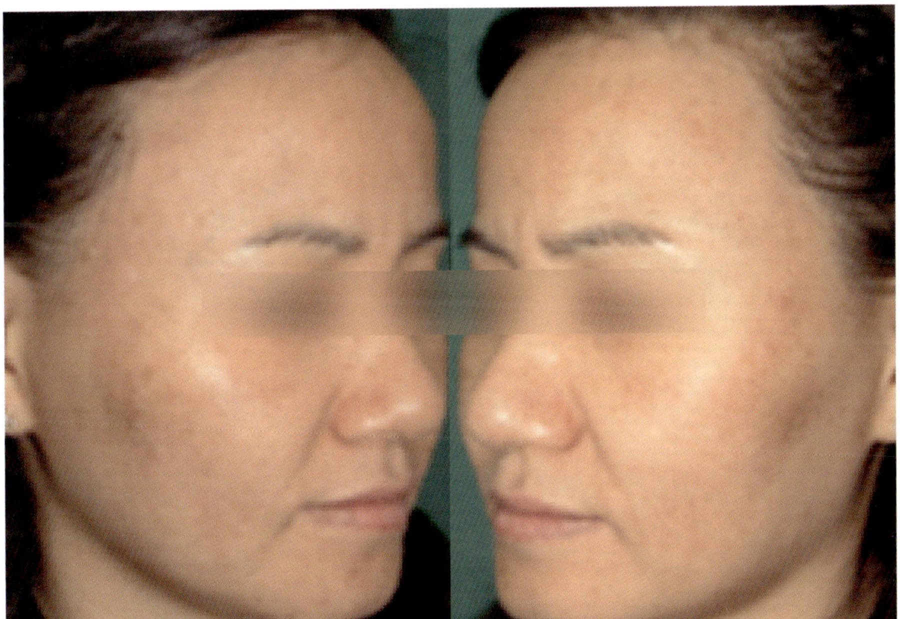

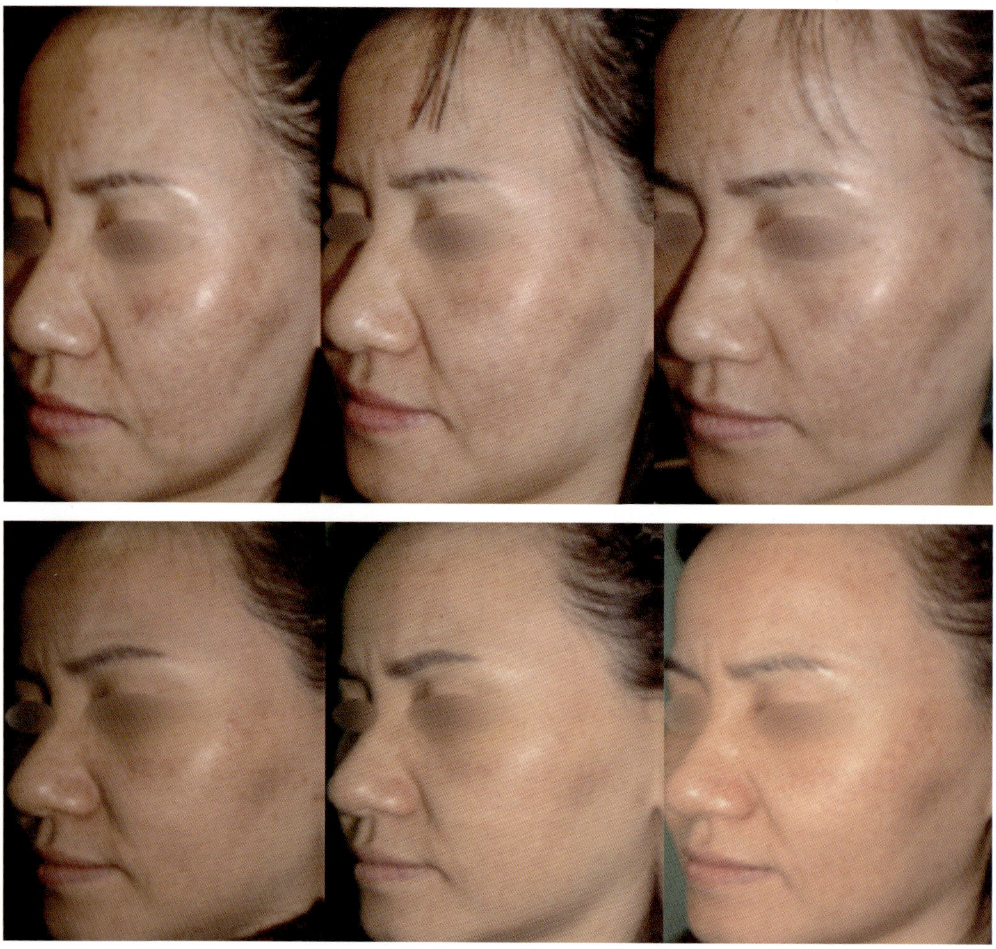

요점: 난치성 기미의 경우 먼저 국소도포치료제를 이용한 피부장벽기능회복과 염증 및 미백관리가 선행되어 멜라닌색소세포의 기능이 안정화된 후 레이저 토닝 치료를 한다.

증례2. F/45, 09.5 치료 전

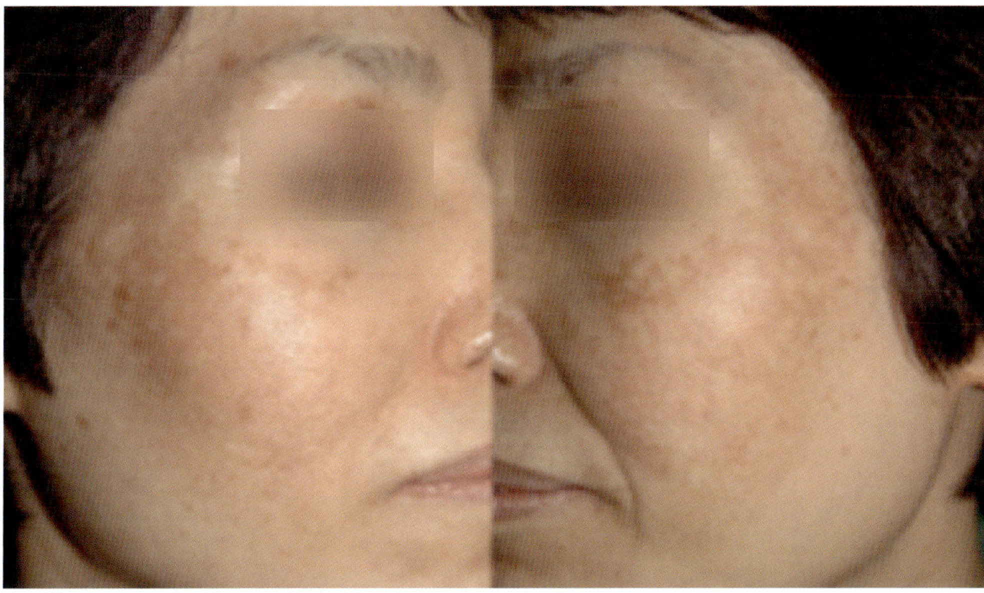

2009.11

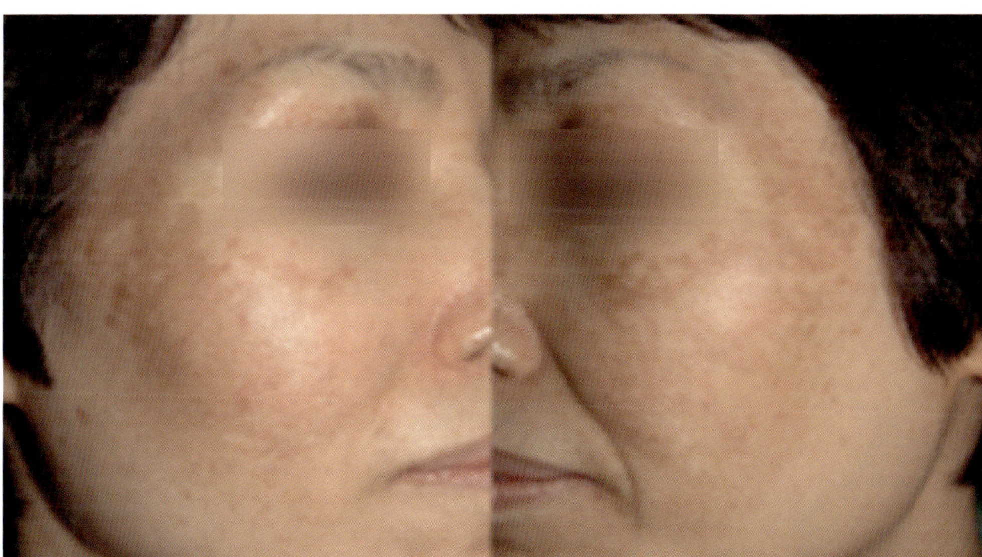

2009.12

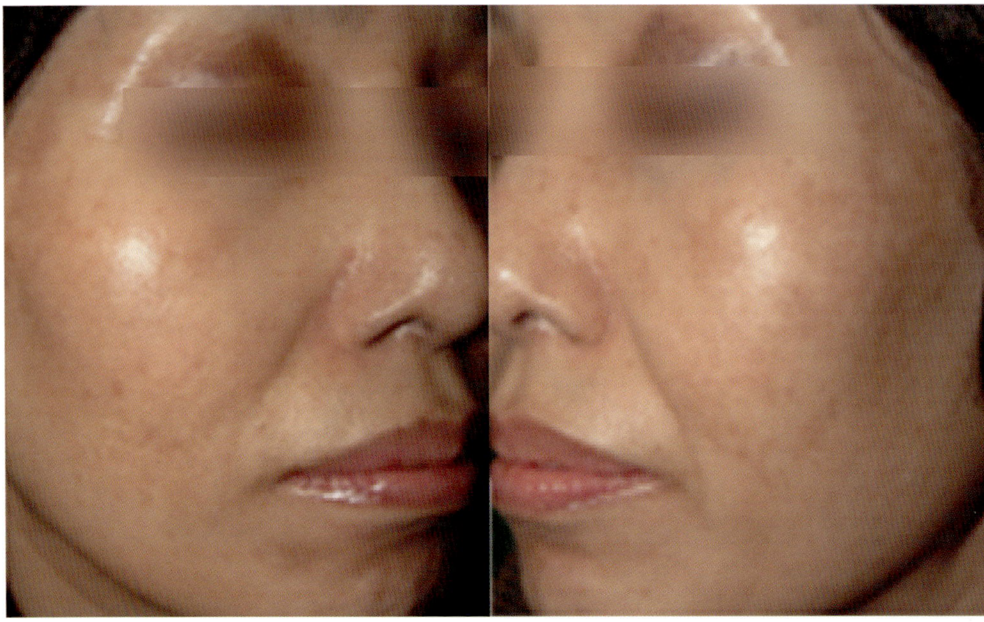
2010.2

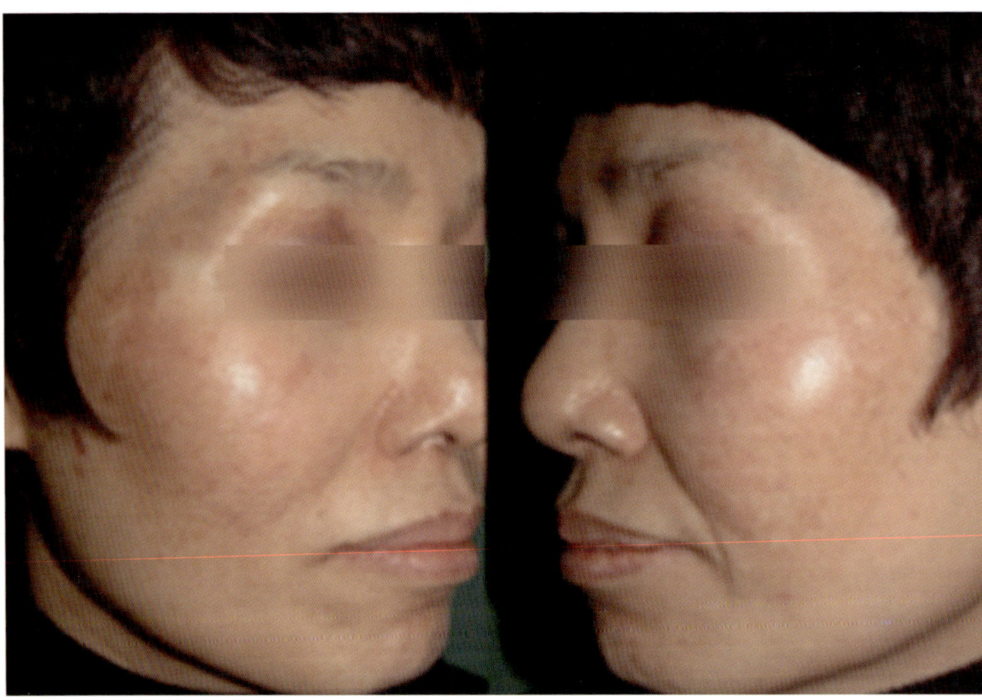
2010.4

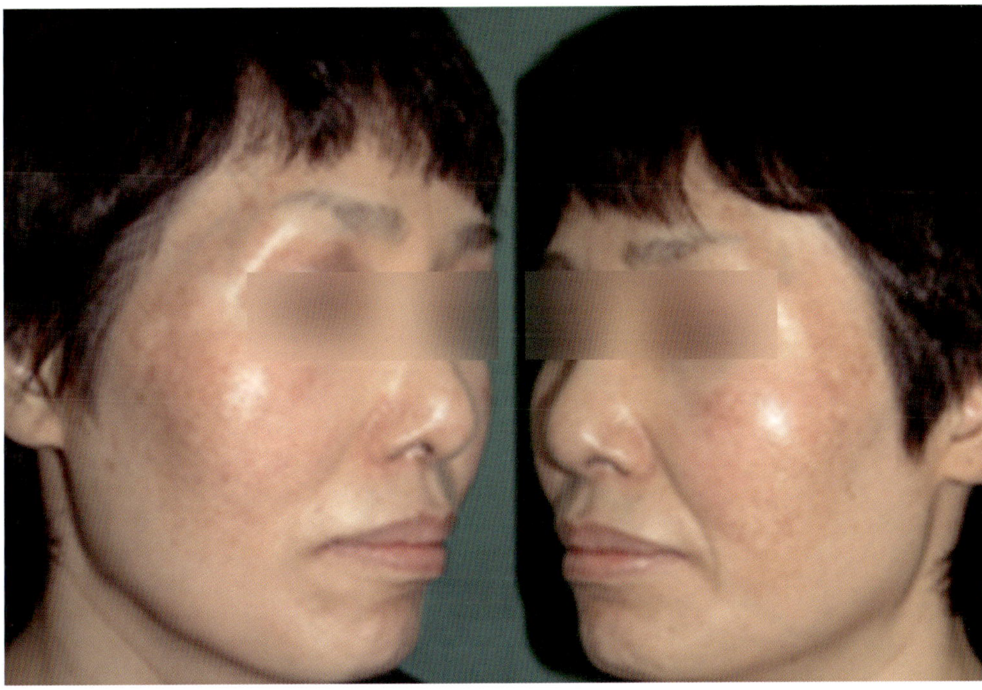

요점: 난치성 기미의 경우 먼저 국소도포치료제를 이용한 피부장벽기능회복과 염증 및 미백관리가 선행되어 멜라닌색소세포의 기능이 안정화된 후 레이저 토닝 치료를 한다.

증례3. 2024.5

과거 타병원에서 오랜 레이저 토닝을 받은 과거력이 있다. 내원 당시 Over-Toning으로 인한 저색소반,탈색반, 과다색소침착 등이 있는 상태에서 내원하였다(아래 사진).

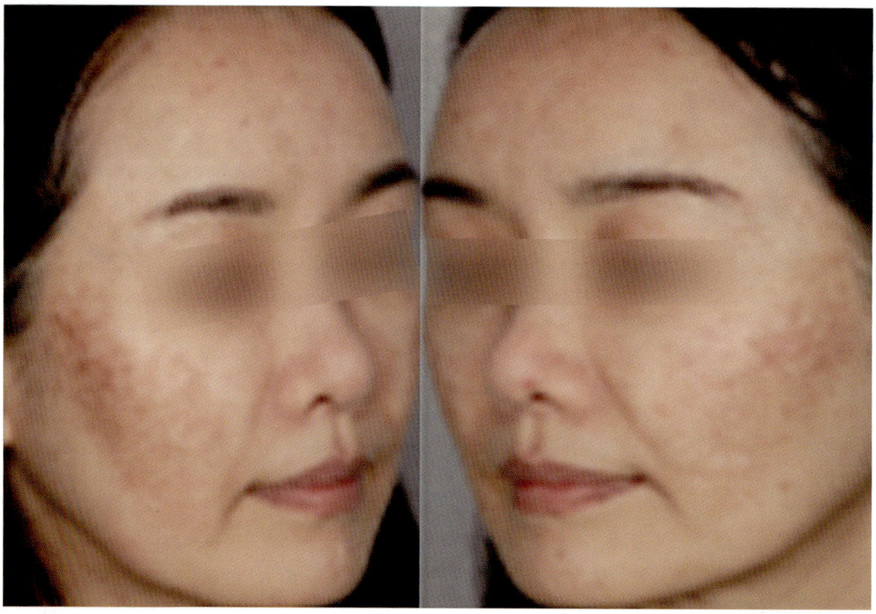

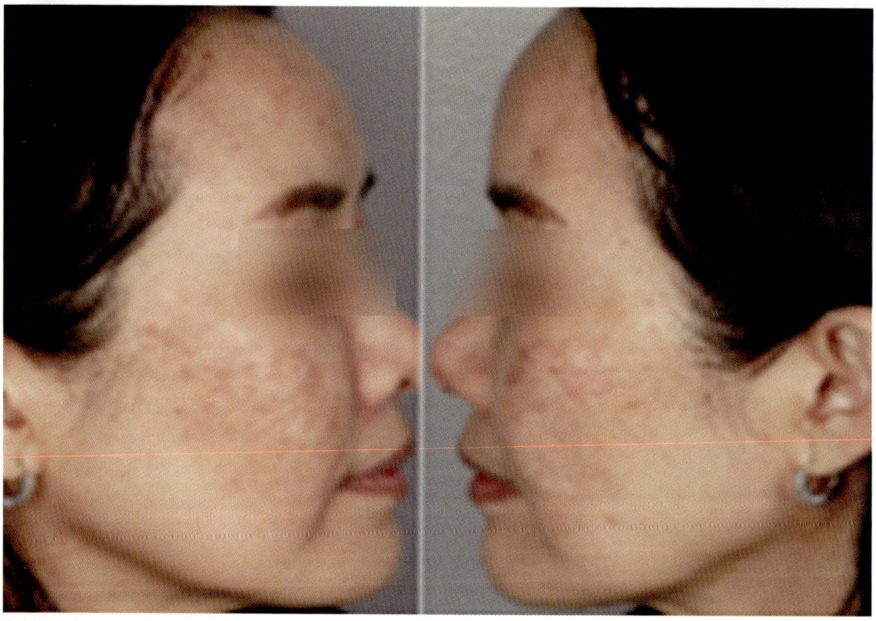

2024.8.

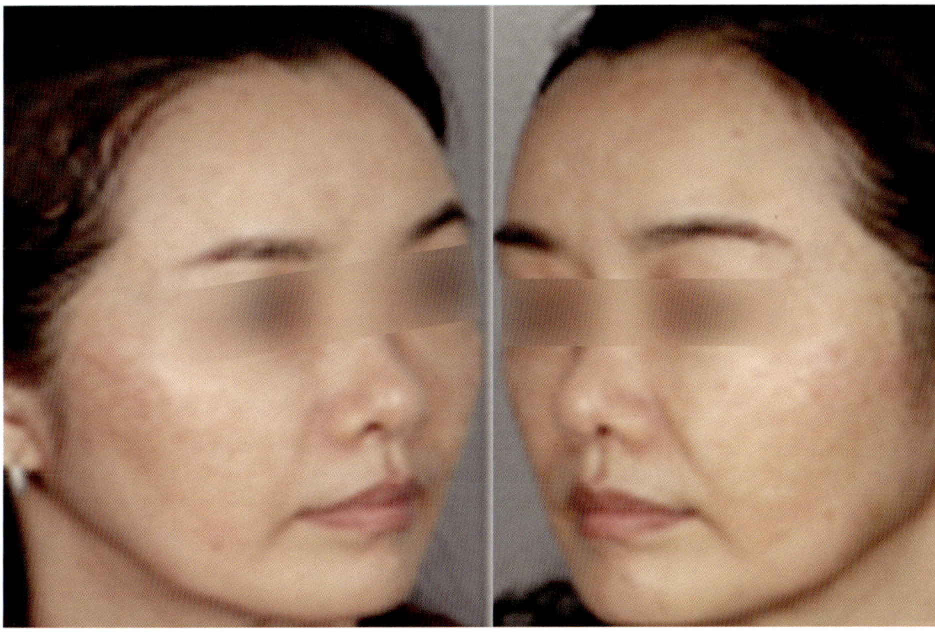

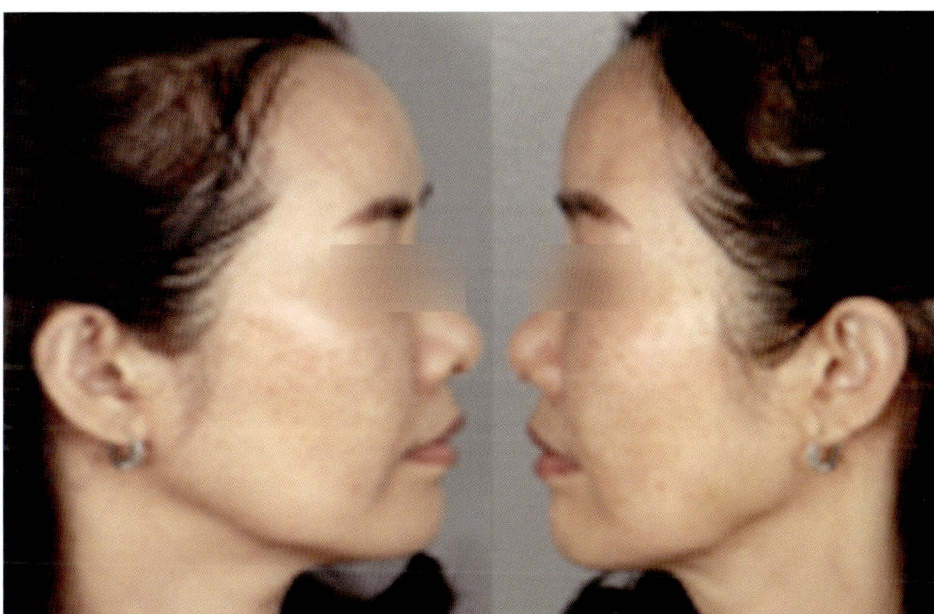

요점: 약 3개월간 피부장벽기능 회복과 멜라닌색소세포 안정화를 위한 국소도포제 치료를 선행하여 안정화된 후 레이저 토닝을 1달간격으로 치료한다. 치료전에 비해 Rebound hyperpigmentation이 없은 상태로 화장으로 커버된다고 하였다. 현재 4주 간격으로 부분적인 레이저 토닝으로 관리하고 있다.

광노화 색소침착과 피부색 변색 환자들: 장기간 레이저 토닝 관리 후 전반적으로 피부색과 톤이 밝아지고 진피재생효과로 더 탄력있고 탱탱한 피부가 된다. 아래 사진들은 이에 해당하는 증례들이다.

증례1. F/45, 2008.12

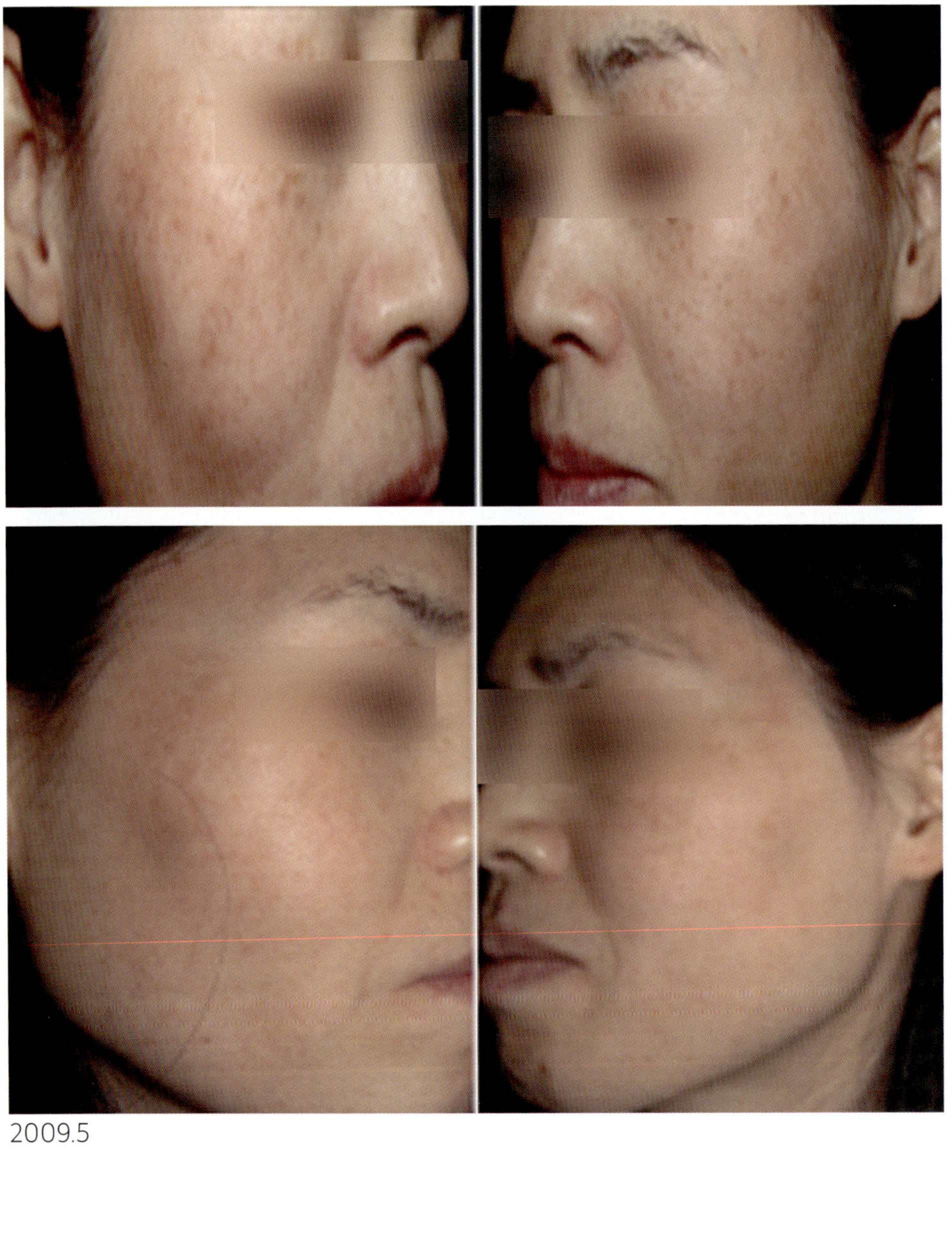

2009.5

증례2.

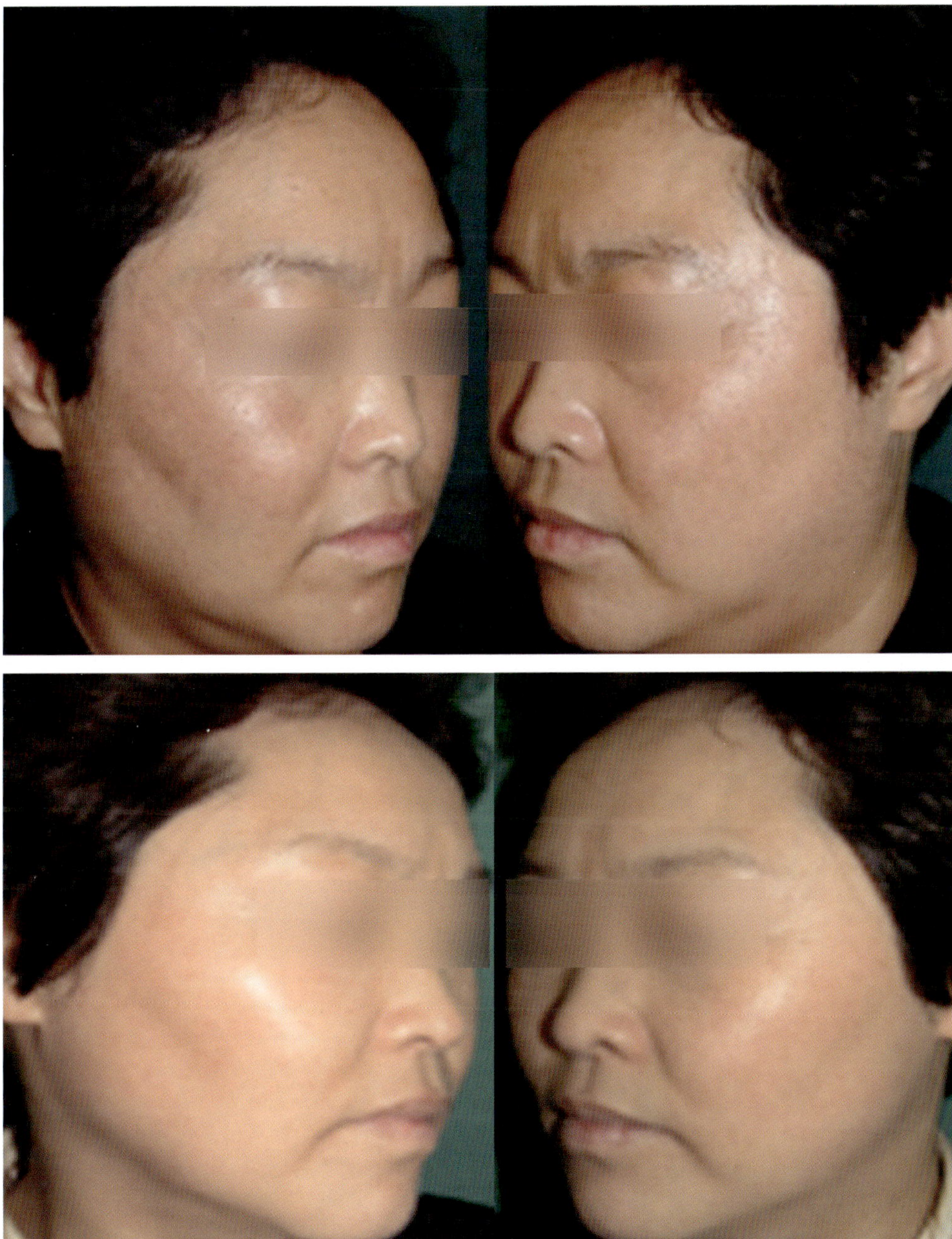

증례3. F/63, 치료 전(위) 레이저 토닝으로 관리 5년후(아래)

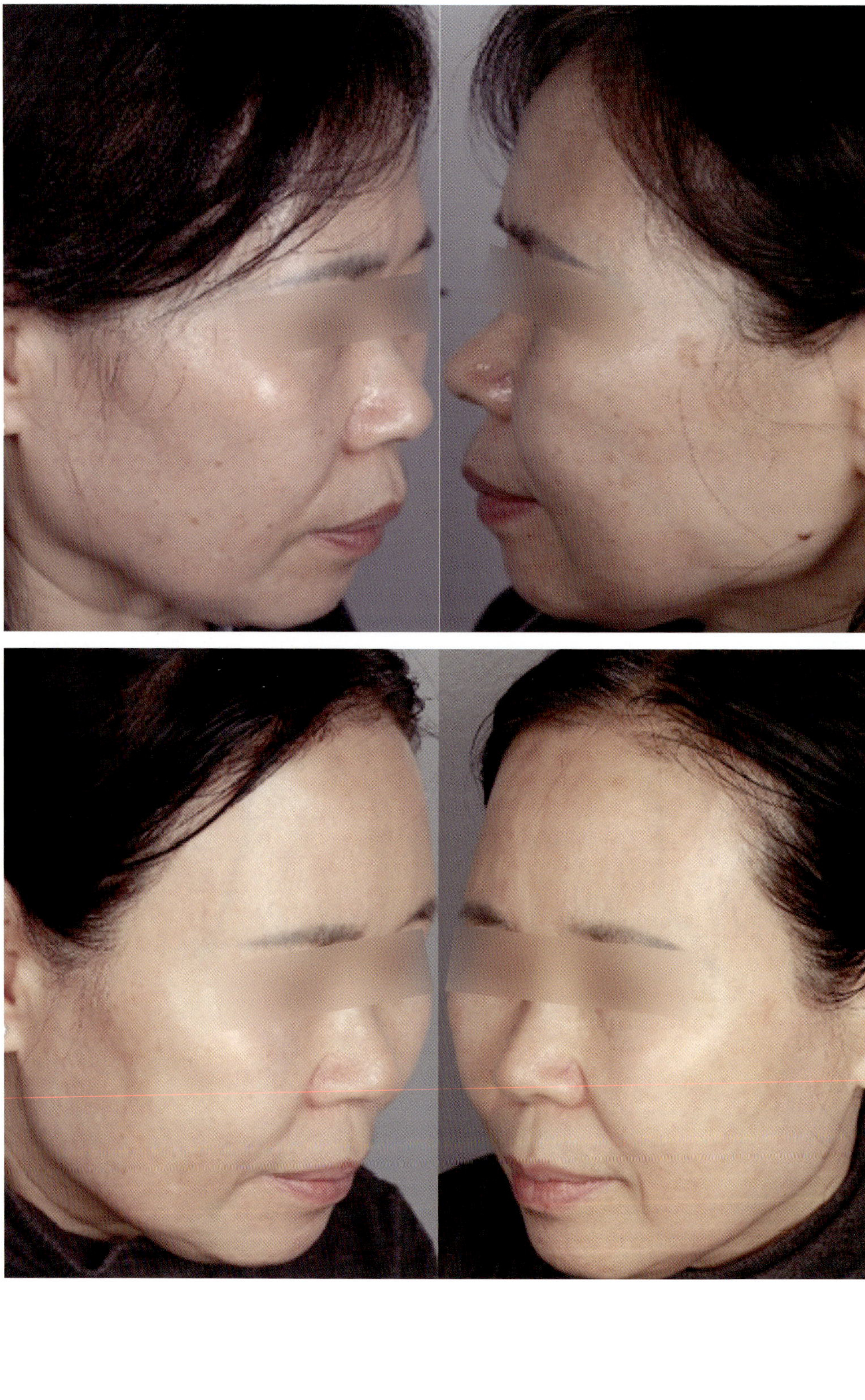

Lasers in Surgery and Medicine 52:1010–1019 (2020)

Device-Induced Neocollagenesis: Profibrotic Response or True Neocollagenesis?

Sheila Natari, MMSc,[1] Ko Eun Kim, MD,[1,2] Sook In Ryu, MD,[1,2] Ji Hyun Park, MD,[1,3] and Il-Hwan Kim, MD, PhD[1,2*]
[1]Department of Dermatology, College of Medicine, Korea University, 145, Anam-ro, Seongbuk-gu, Seoul, 02831, Republic of Korea
[2]Department of Dermatology, Korea University Ansan Hospital, 123, Jeokgeum-ro, Danwon-gu, Ansan-si, Gyeonggi-do, 15355, Republic of Korea
[3]Barabom Dermatologic Clinic, 153, Wiryedong-ro, Sujeong-gu, Seongnam-si, Gyeonggi-do, 13642, Republic of Korea

위 논문은 장기간 레이저 토닝으로 경험한 놀라운 진피재생효과에서 출발하여 레이저를 포함하여 현존하는 여러 에너지기반장치(Energy Based Device)로 콜라겐 생산에 기여하는 방식을 이해하기 위해 고안되고 그 기전 등을 연구하고 발표한 논문이다. 자극받은 진정한 네오콜라겐 생성을 촉진하는 장치와 방식을 정확히 이해하고 섬유모세포에서의 네오콜라겐 생성과 진피섬유화 반응을 구분하여야 더 효과적인 노화 방지 치료를 이해할 수 있을 것이다.

6. 안전한 레이저 사용과 부작용 줄이기

레이저 토닝을 안전하게 사용하기 위해서는 사전에 아래와 같은 사항에 대한 학습과 충분한 이해가 필요하다.

① 고도 위험 환자의 스크리닝

② 레이저 토닝 전 국소 탈색제와 자외선 차단제 2~3개월 사용

③ 위험을 최소화하는 절차와 전처치의 중요성

④ 기존 임상 연구와 자료에 대한 학습

⑤ 올바른 레이저 토닝법: SSP의 이해에 기반한 치료*

이 중 올바른 레이저 토닝법에 대한 이해를 위해 토닝 과정 중 피부색 변화와 그 기전적 임상적 의미를 설명한다.

1) 저색소반의 조기 발견과 감별

아래 증례는 F/61로 광노화 피부로 인한 색소변화 등에 대해 레이저 토닝법으로 한 2~3주 간격 5회 치료 후: 피부색이 밝게 변화는 것을 알 수 있다.

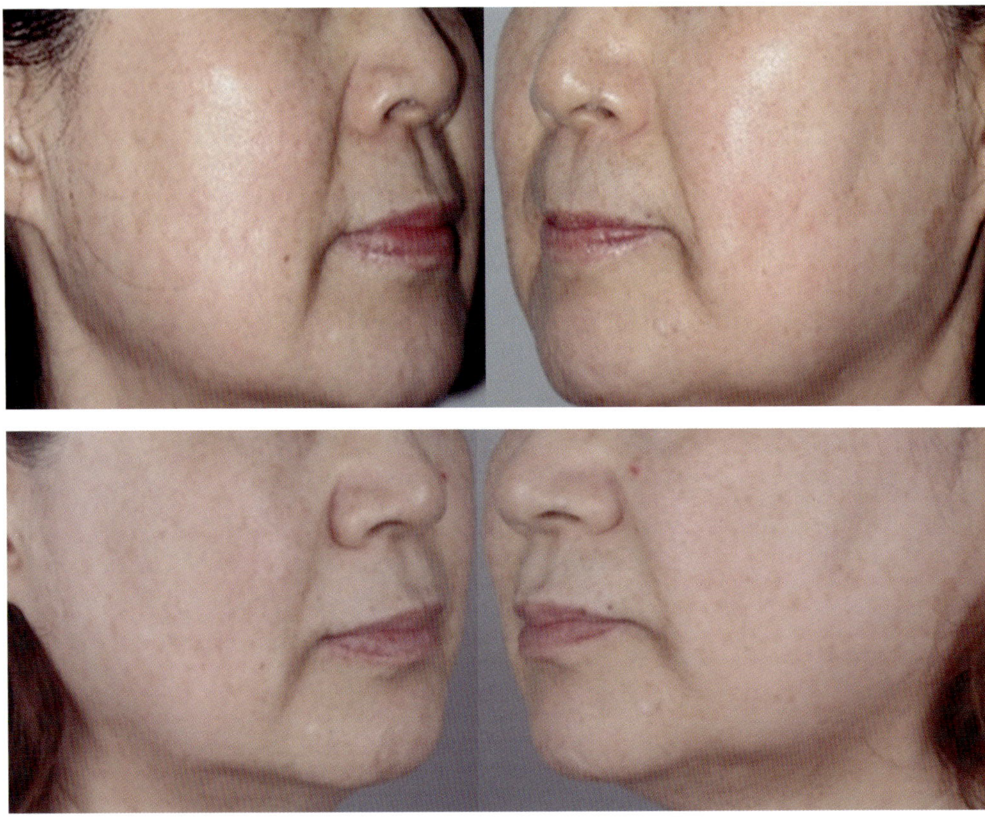

이 현상은 stage IV melanosome이 SSP 기전으로 파괴되어 멜라닌색소세포의 기능이 저하되기 때문이다. 아래 전자현미경 사진으로 이해할 수 있다. 즉, 멜라닌색소세포에서 만들어져서 dendrite를 통해 각질세포로 전달될 멜라노좀이 파괴되어 전달되지 못하므로 인한 변화이다. 따라서 파괴된 정도가 피부색으로 나타나므로 피부상태를 확인하고 시술부위와 간격 그리고 세기를 조정하여야 punctate leukoderma 와 같은 부작용을 예방할 수 있다. 따라서 미리 토닝의 개념과 기전, 그리고 한계를 이해하면 over-toning으로 인한 부작용 발생 상황을 예방할 수 있고 더이상 악화되거나 재발되는 것을 막을 수 있다.

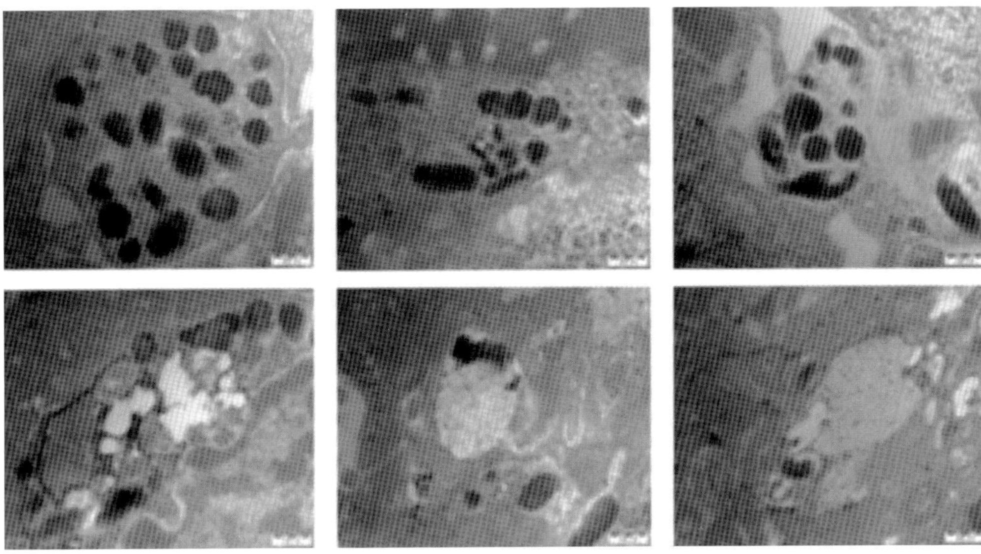

레이저 토닝 과정에서 멜라노좀이 선택적으로 파괴됨

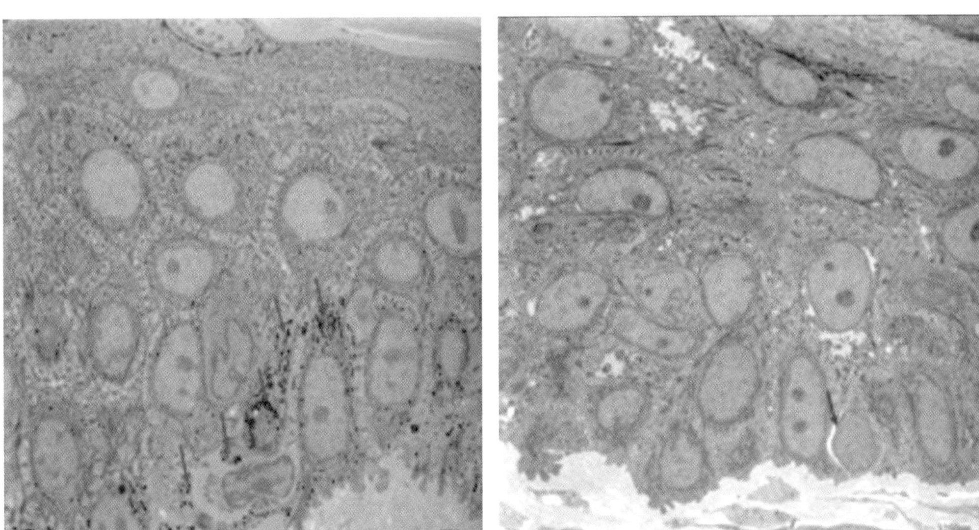

멜라노좀이 파괴된 부위는 멜라닌색소세포의 dendrite가 각질세포와 접한 부위이다.

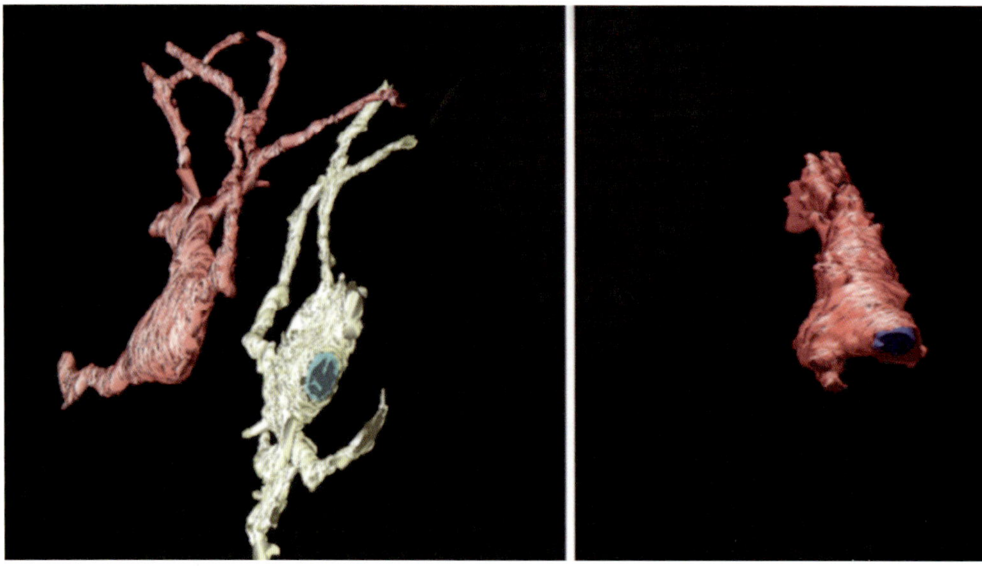

기미 환자의 멜라닌색소세포는 레이저 토닝 2주간격 7회 조사 후 거의 모든 dendrite가 파괴되므로 2주간격일 경우 8회 정도 이내로 권장되며 개인별 반응 차이가 있으므로 치료 과정에서 판단하는 것이 좋다.

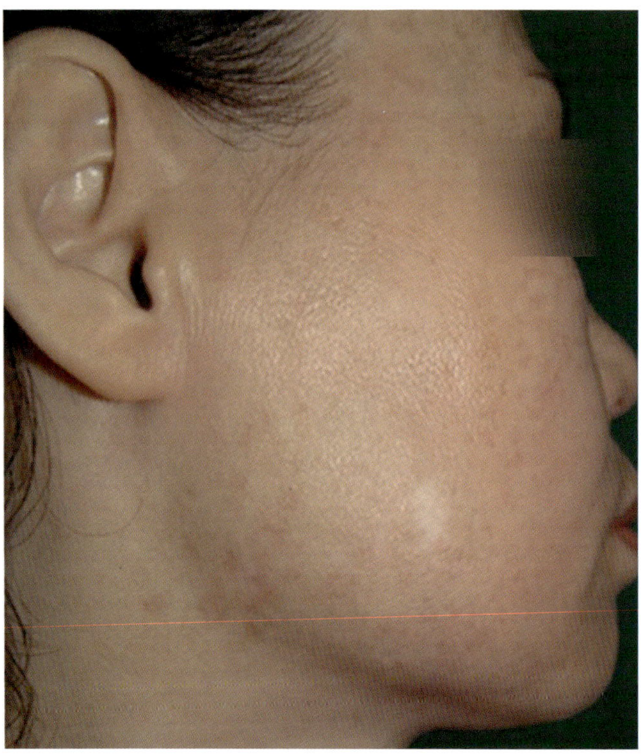

감별질환: 만성일광손상 등으로 인한 Idiopathic Guttate Hypomelanosis(IGH)

2) High Fluence Laser Toning으로 인한 Rebound Hyperpigmentation

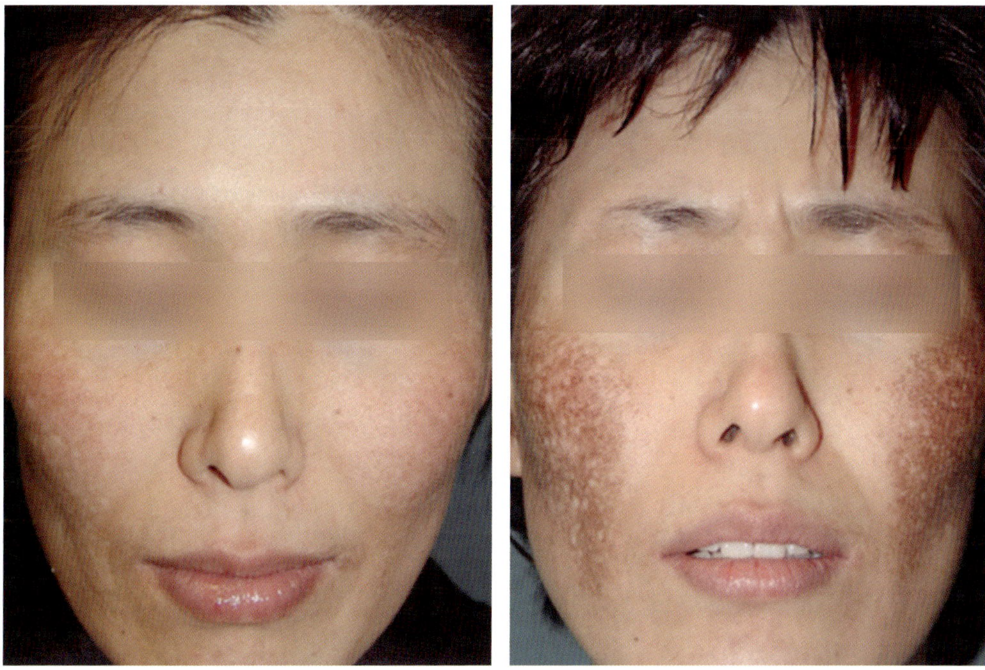

그림 | 2.5 J/cm2 이상의 세기로 반복 시술한 증례로 치료 3주후 Reactive hyperpigmentation과 저색소반 또는 탈색소반 등이 나타났다 레이저 토닝 시술 전 피부 상태 파악이 과대색소침착의 부작용을 막는데 중요하다. 이 환자의 경우 홍반과 미세혈관확장증 등 민감성 피부 상태(왼쪽)임을 알 수 있다.

향후 안전하고 믿을만한 색소 제거술법으로서 레이저 토닝의 장점을 살리고 부작용 발생 등의 단점을 보완하는 여러 방식, SSP 개념에 적합한 토닝 전용레이저 parameter와 기기의 개발과 이에 대한 연구가 필요하다. 또한 아시안의 광노화 피부에 대한 새로운 치료법으로 장기간 레이저 토닝의 진피재생효과에 대한 과학적 연구가 필요하다. 앞으로 레이저 토닝의 과제로는 SSP 후 melanocyte-keratinocyte간 melanosome transfer를 억제할 수 있는 방법, 토닝과 함께 할 수 있는 새로운 국소미백치료제의 개발, 진피재생효과에 대한 연구 등이 있다.

3) 레이저 토닝의 알려진 부작용과 대책

레이저 치료 전 후 시술자의 이해도와 환자 교육이 부작용을 예방할 수 있다. 먼저 현실적 기대를 위한 구체적 자료 제공과 잠재적 부작용에 대한 설명, 과다색소침착에 대한 약물 치료에 대한 이해와 전략, 피부장벽회복을 위한 보습제 사용에 대한 교육 등이 중요하다.

A. 반응이 미미하고 효과가 나타나지 않는 경우

환자 피부 상태를 다시 체크하고 레이저 치료를 시행하는데 적절한 상태의 색소침착이 있는지 다시 확인할 필요가 있다. 아래 사진의 증례는 타병원에서 시술 후 내원한 상태로 이미 저색소반, 과색소반과 탈색소반(IGH병변의심) 등이 나타나 있다. 시술 전 레이저 토닝의 기전적 이해가 선행되어야 오버토닝으로 인한 더 큰 부작용을 예방할 수 있다. 특히 치료 반응이 나타날 때까지 세기를 높이는 시도는 피해야 한다

B. Over-Toning 부작용

일반적으로 **탈색소반**이 발견되는 경우는 2.5J/cm2 이상의 fluence를 2주이내로 자주 사용하는 경우이다. 이런 경우 치료 중단 후 시간이 지나면 회복되며 국소도포 비타민A 크림을 사용하는 경우 더 빠른 회복을 볼 수 있다.

강한 세기나 오버토닝으로 치료를 지속하는 경우 멜라닌색소세포의 직접적인 손상이 누적되어 세포사를 유발하고 이로 인한 영구탈색소반이 형성 되게 된다. 레이저 토닝을 2.5J/cm2 이하의 fluence로 치료한 259명 중 3명에서 약1.6%에서 저색소증이 발생한 보고가 있다. (JEADV 2009:(8);960)

Fractional 레이저 토닝이나 듀플렉스 펄스 레이저토닝 등은 Q-토닝 레이저로 효과가 없는 환자들에 시도된 방식으로 효과를 극대화 하기 위해 비교적 강한 fluence(3~4J/cm2)를 사용하는데 환자별 반응의 차이가 있어 주의를 요한다. 최근 Pico초 레이저가 토닝 방식으로 도입 사용되면서 더 이상 Fractional 레이저 토닝이나 듀플렉스 펄스 레이저토닝 등은 사용되지 않고 있다.

과다색소침착 - 먼저 시술 전후 자외선 차단에 대해 교육을 하여 과도하게 노출되지 않도록 한다. 치료 강도를 높이는 경우 흔히 발생할 수 있다. 피부가 얇고 민감한 상태의 경우 병행치료제의 자극이나 악화요인들에 의해서도 유발된다. 이 경우 피부장벽을 회복시키기 위한 장벽 크림 도포를 선행하고 미백크림을 먼저 사용하여 활성화된 멜라닌색소세포를 안정화하며 2달이상의 휴식기를 두고 회복 상태를 파악한 후 다시 레이저토닝으로 치료를 시도하는 것이 좋다.

C. 점상 저색소반

일반적으로 부분적으로 더 진한 피부색소에 과도한 레이저 에너지가 흡수되는 오버토닝으로 인해 발생하며 시술 후 수주 후 대개 발견된다. 먼저 첫 발견을 기준으로 당시 시행한 세기를 확인하고 환자별 세기를 재조정 한다. 이미 발생한 점상 저색소반 병변에는 더 이상의 레이저토닝은 하지 않아야 하며 비타민A 크림과 피부재생크림 등으로 국소 색소재생을 2개월 정도 시도한 후 재평가한다. 남은 색소병변은 더 낮은 세기의 파라미터로 레이저토닝을 반복할 수 있다.

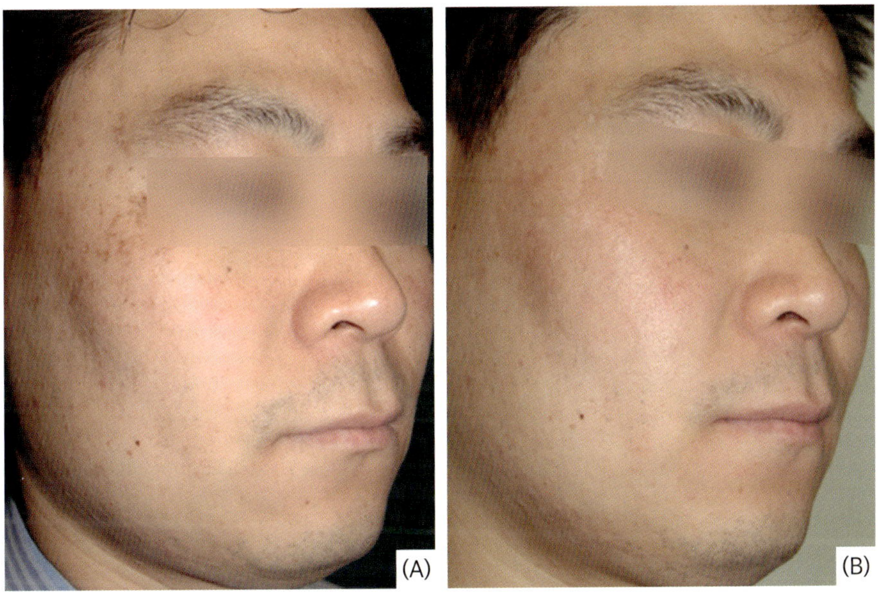

그림 | 남성에서도 드물게 눈가에 기미 병변이 나타난다. 이 경우 low-fluence(B, 2 passes, 1.6~2.0 J/cm2). laser toning으로 치료하면 좋은 효과를 보인다. B 상태를 자세히 보면 치료 부위가 주변부 보다 약간의 저색소반으로 나타나는 것을 알 수 있으며 이 상태에서 오버토닝이 일어나지 않도록 주의해야 한다.

D. 치료 중 발생 가능한 그외 부작용

동통, 홍반, 부종, 염증 후 색소침착, 부분적인 저색소반과 미만성의 색소침착이 있다. 통증을 줄이기 위하여 국소 마취제(EMLA) 도포로 조절가능하였고, 홍반은 2~4일 후, 부종은 1~2일 후 자연 소실되나 색소침착의 경우 더 오래 지속되는 경향이 있다.

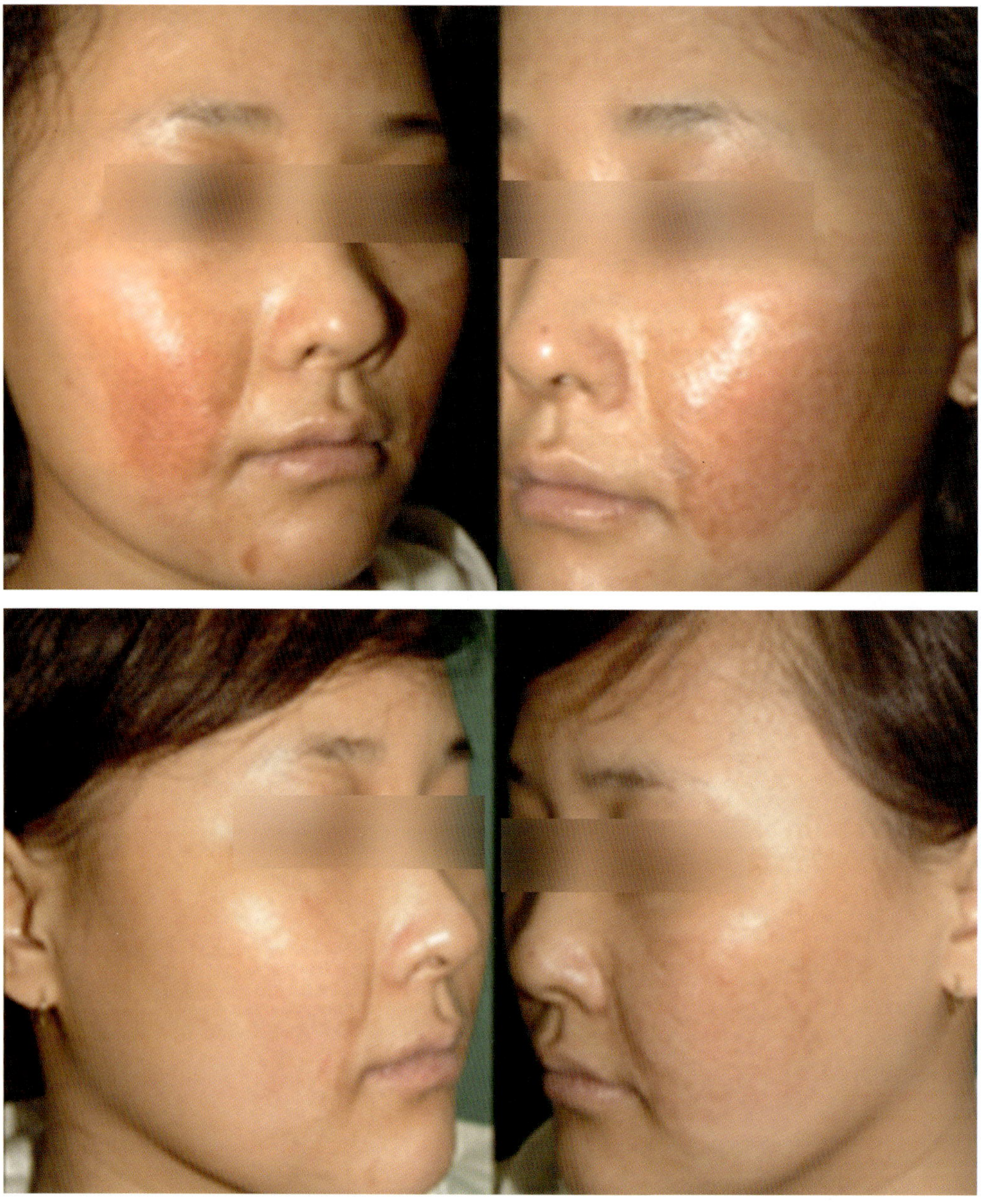

레이저 토닝에 대한 주요 리뷰 저널 요약

1. 기미에서의 레이저 토닝 치료 리뷰

#1. Laser Toning in Melasma. Journal of Cutaneous and Aesthetic Surgery 12(2):p 76-84, Apr-Jun 2019.

1) 치료 효과: 저출력 레이저 토닝 (LFQSNY) 방식은 아시아인에서 기미 치료로 인기를 끌고 있다. 이 방식은 멜라닌을 표적으로 하여 이를 분해하면서 주변 피부를 손상시키지 않는 방식으로 작용한다

2) 효능 및 안전성: LFQSNY 레이저 토닝은 일반적으로 멜라스마 치료에 효과적이고 안전한 것으로 나타났다. 그러나 그 효과는 피부 유형이나 사용된 특정 레이저 매개변수에 따라 달라질 수 있다. 이 치료는 더 공격적인 레이저 치료에 비해 부작용이 적지만, 얼룩진 저색소침착이나 염증 후 과색소침착과 같은 부작용이 보고된 바 있다. 이러한 부작용은 주로 치료 중 누적된 높은 레이저 에너지와 관련이 있다

3) 복합 치료: 결과를 개선하고 부작용을 최소화하기 위해, 레이저 토닝은 종종 국소 미백제, 화학적 필링, 경구용 트라넥사믹산과 같은 다른 치료와 함께 사용한다. 이러한 복합 치료는 전체적인 치료 효과를 높이고 재발 위험을 줄이는 데 도움이 될 수 있다. 리뷰에 따르면 LFQSNY를 다른 치료 방식과 병행하면 단독으로 레이저를 사용하는 것보다 더 나은 결과를 얻을 수 있다.

4) 재발률과 장기적인 결과: 연구에 따르면 초기 결과는 유망하나, 치료 후 몇 달 내에 멜라스마가 자주 재발하는 것으로 나타났다. 장기적인 추적 연구가 부족하여 레이저 토닝의 장기간에 걸친 지속적인 효과를 평가하기 어렵다.

기미의 복잡한 병인: 자외선 노출, 호르몬 변화, 유전적 소인과 같은 다양한 요인에 의해 영향을 받는다. 이러한 요인을 이해하는 것은 효과적인 치료 방법을 개발하는 데 중요할 것이다. LFQSNY를 포함한 레이저 치료는 색소침착을 해결하면서도 근본적인 원인을 악화시키지 않는 것을 목표로 하고 있다.

5) 2019년 리뷰 결론: LFQSNY를 이용한 레이저 토닝은 멜라스마 치료에 유효한 방법이

지만, 다른 치료법과 함께 사용될 때 가장 효과적이다. 환자의 피부 유형을 신중하게 고려하고, 부작용에 대한 면밀한 모니터링이 결과를 최적화하고 재발 위험을 최소화하는 데 필수적이다.

#2. The Low-Fluence Q-Switched Nd:YAG Laser Treatment for Melasma: A Systematic Review. 2022

기미에서 LFQSNY의 정확한 작용 메커니즘에 대한 연구는 제한적이다. 미용상의 문제로 인해 피부 생검에 대한 지원자가 적기 때문에 기미의 조직 병리학 및 분자 연구에 대한 연구도 어렵다. 그러나 몇 가지 연구에 따르면 멜라닌 세포의

열 손상을 최소화하면서 멜라노좀을 선택적으로 파괴하는 것이 이 기술의 핵심 개념으로 간주되며, 이를 '세포내 선택적 광열분해'라고 한다. Kim 등은 멜라노포어가 외부에서 보이는 제브라피시 모델을 사용하여 특정 낮은 플루언스에서 QSNY가 멜라노세포를 죽이지 않고 멜라노좀을 선택적으로 광열분해하는 반면, 높은 플루언스에서는 광범위한 세포사멸이 관찰되었음을 보여주었다. 기미 환자의 피부에 대한 전자현미경 연구에서 멜라닌 세포 수상돌기의 수가 감소하고 IV기 멜라노좀이 선택적으로 파괴된 반면 초기 단계의 멜라노좀은 기미에서 LFQSNY 후에도 변하지 않았다. 성숙한 IV기 멜라노좀이 멜라닌세포의 수상돌기에 축적됨에 따라 QSNY가 성숙한 멜라노좀을 광열분해하여 더 적은 수의 수상돌기를 가진 기능적으로 하향 조절된 멜라닌 세포로 이어진다고 설명한다. 이러한 결과는 조직학적 검사와 일치했으며, LFQSNY 후 병변 피부에서 멜라닌 단백질(TRP-1, TRP-2, NGF, a-MSH 및 티로시나아제)과 멜라닌(Fontana-Masson 염색)의 발현이 감소한 반면, 멜라닌 세포(Melan-A 및 SOX-10)의 수는 치료 후 변하지 않아 세포 내 선택적 광열분해의 개념을 재확인했다.

|제5장|

Pico초 레이저를 이용한 색소병변의 치료

1. 2024년 4월호 Nippon Laser Igakkaishi 저널에 실린 "멜라닌 색소성 병변에 대한 피코초 레이저의 활용 방법"에서 저자는 피코초 레이저를 활용한 색소성 병변 치료의 효과와 가이드라인에 대해 검토하였다. 기존의 나노초 레이저와 비교하여 피코초 레이저의 장점으로 짧은 펄스와 높은 피크 파워로 표적 조직인 멜라닌을 보다 정밀하게 타격할 수 있어 주변 조직의 열손상이 줄고, 특히 염증 후 색소침착(PIH)의 위험이 감소해 안전성이 높다. 치료는 병변의 유형에 따라 다르며, 주로 532 nm와 730 nm의 파장이 사용된다. 예를 들어, 기미나 주근깨 치료 시, 0.5~0.7 J/cm² 정도의 낮은 플루언스를 사용해 과도한 홍반을 방지하며, 즉각적인 백색 반응이 나타나면 이를 치료 종료의 기준으로 삼는다. 치료 후 항생제 연고 및 드레싱으로 피부를 보호하며, 일부 경우 염증을 억제하는 파운데이션을 사용해 관리한다. 피코초 레이저는 다양한 색소성 병변에 대해 높은 안전성과 유효성을 보이는 것으로 평가하였다.

2. 피코초 레이저와 Q-switched Nd:YAG 레이저는 기미 치료에서 각각의 장단점이 있으나, Pico초 레이저의 경우 치료 효과와 안전성, 빠른 회복 시간에서 장점이 있다.

3. 향후 정확한 비교를 위해서는 피코초 레이저와 Q-switched Nd:YAG 레이저의 Split-Face비교 연구가 필요하다. 또한 각각의 레이저의 최적화된 치료 매개변수 및 장기적인 치료 결과를 분석해야 객관적 비교가 가능할 것이다. 이를 통해 앞으로 다양한 피부 타입과 기미의 중증도에 따른 개별화된 최상의 치료 접근법도 개발할 수 있을 것이다.

4. Picosure 레이저의 원리와 임상

아래는 Cynosure/Lutronic 회사에서 제공한 자료로 Picosure 레이저를 이용한 기미에 대해 유효한 효과를 보인 증례 사진들이다.

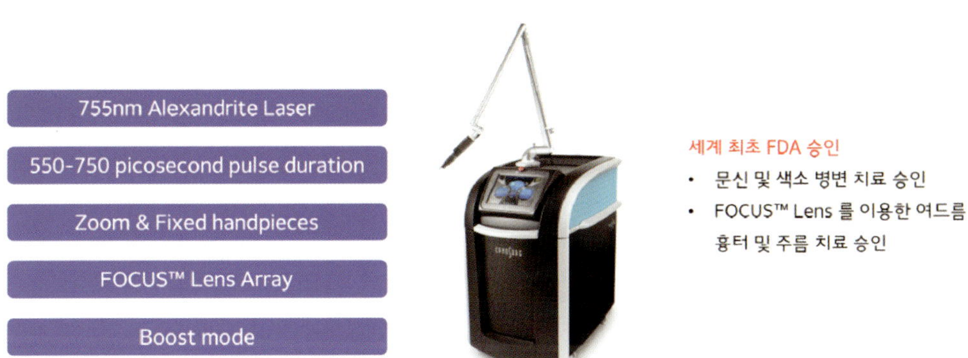

755nm Alexandrite wavelength

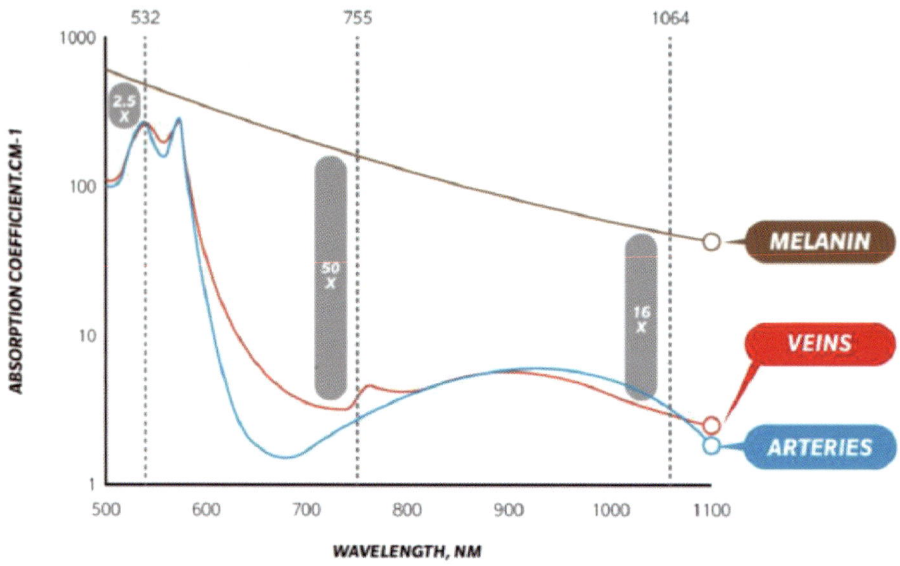

Absorption coefficient data source: S. L. Jacques

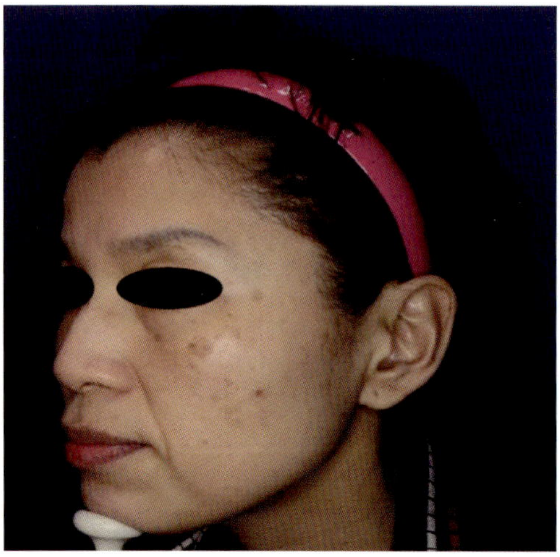

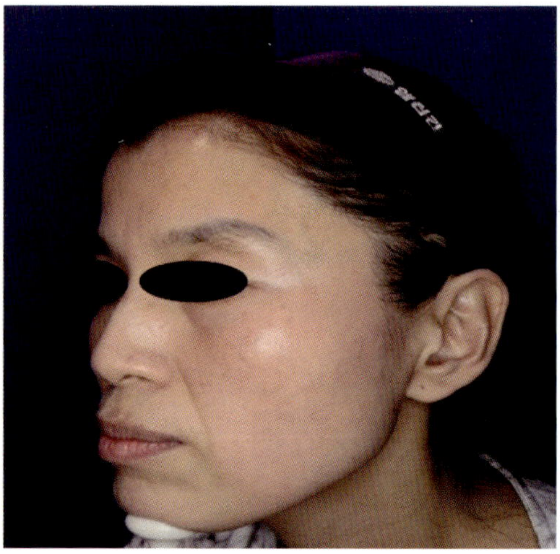

Courtesy of S. Shin, MD

Zoom HP, 4mm, 1-2pass
Zoom HP, 3.0-2.7mm, 1pass
Fixed HP, 8mm, Focus Optic, 2-3pass(2000-2500 shots)

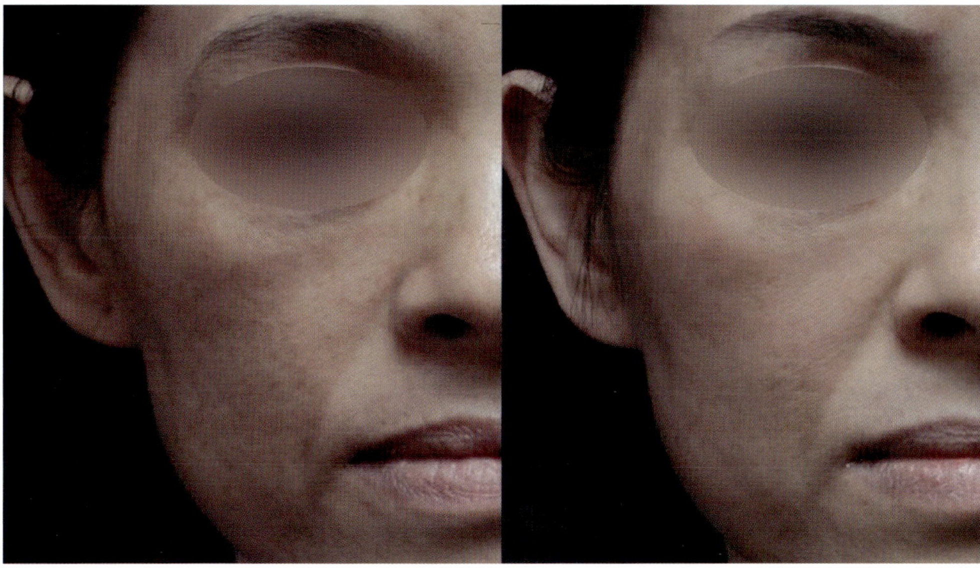

Courtesy of F. Tseng, MD

Fixed HP, 8mm, Flat/Focus Optic, 2-3pass(2000-2500 shots)

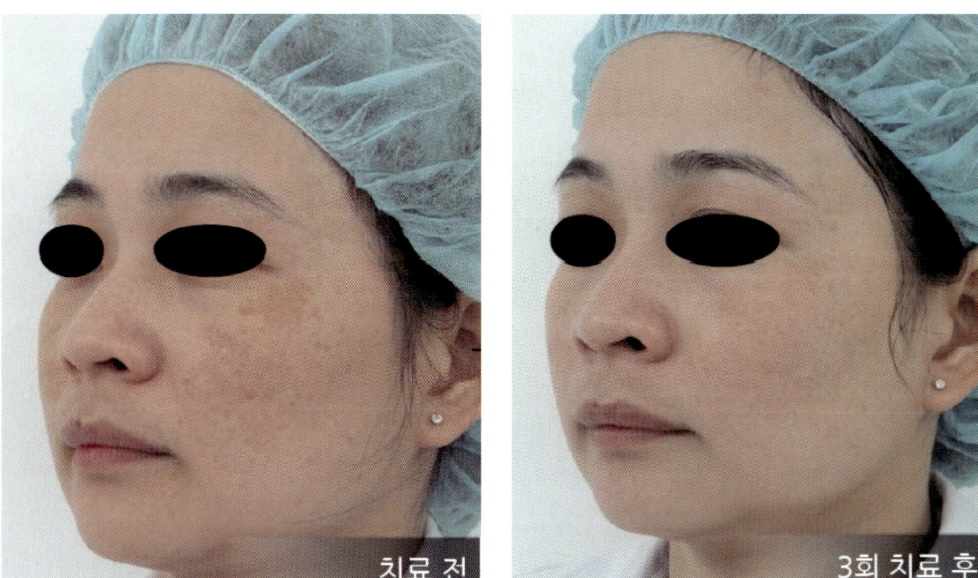

Courtesy of Tran Thi Anh Tu, MD

Fixed HP, 10-8mm, Flat/Focus Optic, 2-3passes
Fixed HP, 10-8mm, Focus Optic, 2-3passes

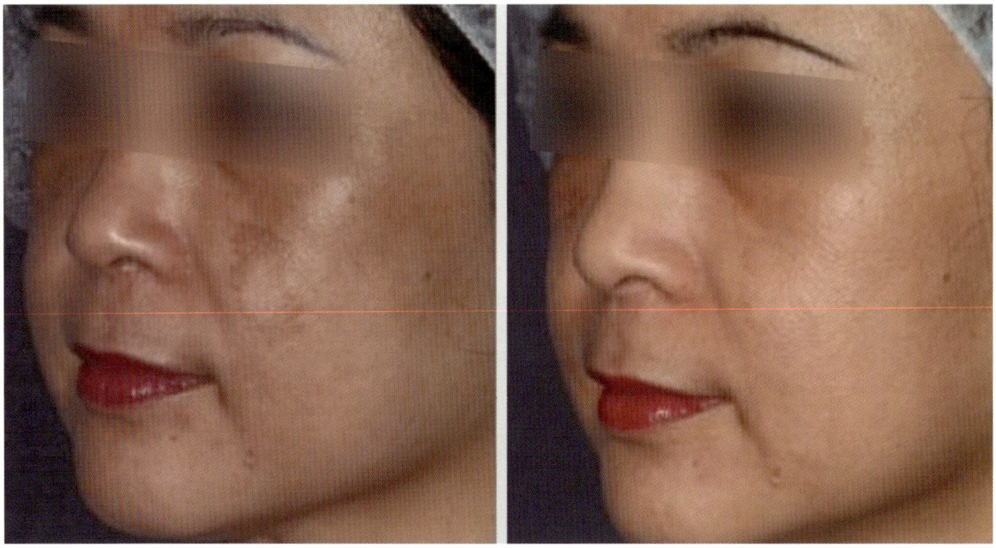

Before Post 5 Tx using Focus

Courtesy of M. Goldman, MD

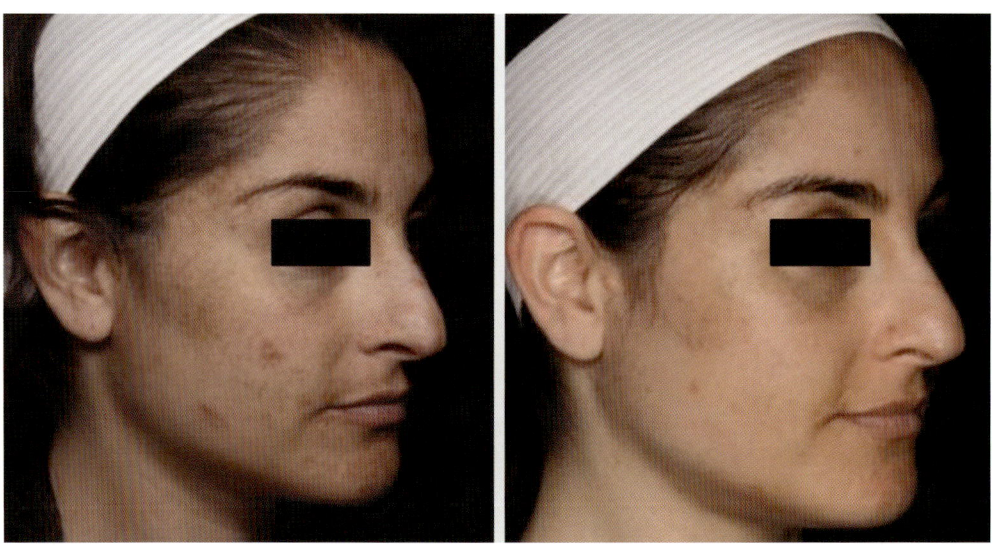

Before 3 Month Post 7 Tx using Focus

Courtesy of R. Geronemus, MD

|제6장|

레이저 토닝 관련 문헌 검토 및 요약

레이저 토닝은 치료 후 표피 손상에 의한 부작용이 거의 없고 시술 직후에 세안, 화장 등의 일상 생활이 가능한 장점이 있어 기미와 광노화에 의한 색소이상이나 변색 , ABNOM이나 PIH와 같은 여러 색소 질환 치료에도 적용할 수 있다.

레이저 토닝과 관련한 기초 및 임상 연구들을 통해 아래와 같은 개념과 원리로 색소질환에 적용할 수 있음을 이해할 수 있다.

1. 동물실험: 인간 멜라노좀과 같은 기능을 하는 melanophore가 외부에 나타나 볼 수 있는 줄무늬어류인 zebrafish model을 이용함. Q-switched Nd:YAG Laser 에너지 세기별로 세포사를 유발하지 않고 선택적으로 멜라노좀을 광열분해로 제거할 수 있음을 확인함.
2. 인체 피부 대상 전자현미경 연구-기미 환자를 대상으로 Q-switched Nd:YAG Laser toning 전/후 조직검사를 통해 인체 피부내 멜라닌색소세포의 변화를 관찰함. 즉, melanocyte dendrites의 숫자가 줄어듬
3. Melanogenesis 과정에서 성숙한 stage IV melanosomes이 dendrites 말단부에서 선택적으로 파괴되는 반면 early-stage melanosomes 은 변화가 없었음.
4. 따라서 줄어든 dendrites를 가진 melanocyte는 keratinocyte로 충분한 melanin pigment를 전달할 수 없게 됨.
5. 레이저 토닝 후 melanoncyte 변화-조직검사를 통한 연구: melanocyte 숫자 (Melan-A and SOX-10)는 변화 없음, melanogenic proteins (TRP-1, TRP-2, NGF, a-MSH and tyrosinase) 감소, melanin (Fontana-Masson staining)감소
6. 핵심 개념 정립: Subcellualr Selective Photothermolysis

결론적으로 Subcellular structure in melanocyte인 멜라노좀을 선택적으로 제거하는데 피부레이저 치료의 기본 이론인 selective photothermolysis에 의한 melanocytes 파괴는 유발하지 않는다.

1. Kim IH. Minimized selective photothermolysis : new modality for melasma treatment, International Master Course on Aging Skin (IMCAS ASIA) (2008) July 13-15, Singapore.

저자가 2008년 싱가포르에서 열린 **International Master Course on Aging Skin

(IMCAS ASIA)**에서 발표한 새로운 기미 치료법이다. 이 치료법은 저자가 처음으로 기존의 선택적 광열분해 (SP) 개념과 기술을 개선한 것으로, 기미 부위에 최소한의 열 손상을 주면서 과다색소증을 타겟으로 하는 방식이다. 이 접근법은 기존 방식보다 염증 반응을 줄이고, 주변 조직에 영향을 최소화하면서 색소 침착을 효과적으로 제거할 수 있어 위와 같은 제목으로 발표하였다.

2. Jeong SY, Chang SE, Park HN, Choi JH, Kim IH. New Melasma Treatment by Collimated Low Fluence Q-switched Nd:YAG Laser. Korean J Dermatol. 2008;46(9):1163~1170.

논문의 의의. 이 연구는 국내 첫 레이저 토닝 관련 원저 연구로 Collimated 저출력 Q-스위치 Nd:YAG 레이저가 기미 치료에 있어 효과적이고 안전한 새로운 치료법이 될 수 있음을 보고하였다. 기미는 치료가 어려운 질환이기 때문에, 이와 같은 새로운 치료법의 개발은 임상적으로 중요한 의미를 가진다.

Collimated Low Fluence Q-switched Nd : YAG 레이저를 이용한 새로운 기미 치료법

고려대학교 의과대학 피부과학교실, 울산대학교 의과대학 서울아산병원 피부과학교실[1]

정세영 · 장성은[1] · 박하나[1] · 최지호[1] · 김일환

New Melasma Treatment by Collimated Low Fluence Q-switched Nd : YAG Laser

Se Yeong Jeong, M.D., Sung Eun Chang, M.D.[1], Hana Bak, M.D.[1], Jee-Ho Choi, M.D.[1], Il Hwan Kim, M.D.

Department of Dermatology, Korea University College of Medicine, Asan Medical Center, University of Ulsan College of Medicine[1], Seoul, Korea

Background: Laser treatment in melasma has previously failed because of the resulting inflammation and consequent pigmentation and excessive thermal damage caused by the use of high fluence.
Objective: This study is aimed at establishing the concept of the collimated low fluence Q-switched Nd : YAG laser as a treatment for melasma by investigating its therapeutic effects clinically as well as histopathologically.
Methods: 27 patients were treated weekly with Q-switched Nd : YAG laser (1,064 nm wavelength, 7 mm spot size, 1.6 ~ 2.5 J/cm^2 fluence) for 8 weeks. The results were evaluated based on standardized clinical images that used Robo skin analyzer, spectrophotometer, MASI score and general severity.
Results: 17 (58.8%) patients showed "GOOD" (50 ~ 75% improvement) and no case of full recurrence was examined and partial recurrence was detected in 12/17 patients. Common adverse effects include pain, erythema, and temporary edema. Rarely partial hypopigmented macules and diffuse hyperpigmentation appeared. Additional studies, such as immunohistochemical examination and electron microscopic examination, are also currently in progress.
Conclusion: The collimated low fluence Q-switched Nd : YAG Laser is effective in melasma treatment. This treatment method is a new concept that can be described as selective photothermolysis with minimal thermal damage and inflammation reaction to affected tissues by pigmentation. We consider this treatment method should be regarded as Minimized Selective Photothermolysis (MSP) that will provide a new effective treatment for melasma. **(Korean J Dermatol 2008;46(9):1163 ~ 1170)**

Key Words: Melasma, Minimized selective photothermolysis, Q-switched Nd : YAG laser

서 론

기미는 주로 여성의 얼굴에 후천적으로 발생하는 국소적인 과색소침착으로 원인과 병리 기전이 불명확하다[1]. 현재 hydroquinone, tretinoin, corticosteroid 등의 국소제제의 단독 또는 복합제제가 일차 치료제로 사용되고 있으나 그 효과는 만족스럽지 못하다[1,2]. 그 외 국소치료에 반응이 없거나 중증의 기미의 경우 화학박피술이나 레이저 등도 시도 되었으나 아직까지 확실한 치료방법은 확립되지 않았다. 과거 레이저를 이용한 기미 치료는 높은 에너지를 이용함으로써 목표 조직의 과도한 열 손상 후 염증과 이에 따른 색소침착으로 실패해왔다[3]. 따라서 최근 새롭게 개발된 Q-switched Nd : YAG 레이저는 이전과 다른 방식으로 열손상을 최소화하는 낮은 에너지도 색소에 선택적 광열분해를 하므로 이 방식의 기미 치료에 대한 효과를 검증할 필요가 있다. 이에 저자들은 5 ~ 7 nsec pulse width, 1,064 nm wavelength, 7 mm spot size, Q-Switched Nd : YAG (Spectra-VRM®, Lutronic, Korea)레이저를 collimation 방법으로 이용하여 치료 효과를 임상적으로 연구하고 이 치료법의 개념을 정립하고자 이번 연구를 시행하였다.

<접수: 2008년 3월 19일>
교신저자: 김일환
주소: 136-701 서울특별시 성북구 안암동 5가 1번지 고려대학교 의과대학 피부과학교실
전화: 031)412-5185, Fax: 031)412-5184
E-mail: jsderm@medimail.co.kr

0.1)(Table 3).

6. 환자의 주관적 평가

17명을 치료한 병원의 환자들 중 14명(82%), 10명을 치료한 병원의 환자들 중 7명(70%)에서 grade 2 (50~75%) 이상의 효과가 있다고 평가하였다(Table 4).

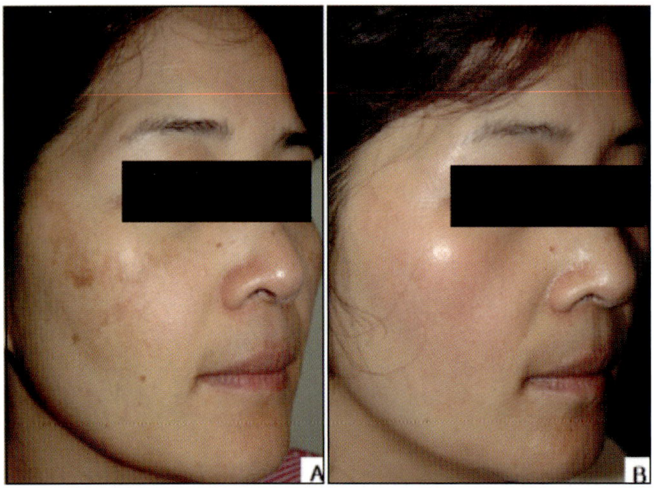

Fig. 2. F/44, Malar type melasma was totally cleared after 8 treatments. (A) Before the treatment. (B) 2 months after 8 treatments

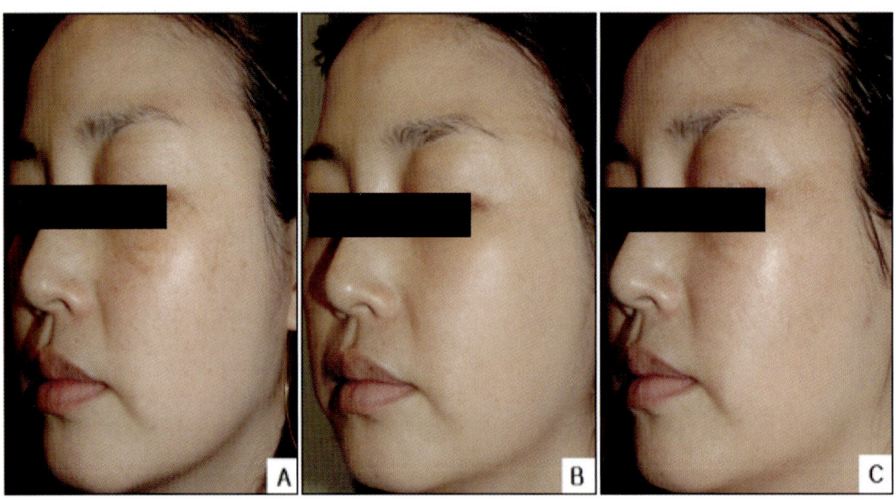

Fig. 3. F/39, Malar type melasma was partially recurred 2 months after 8 treatments. (A) Before treatment. (B) The melasma lesion was totally cleared after 8 treatments. (C) The melasma lesion was partially recurred 2 months after 8 treatments.

7. 재발 및 부작용

얼굴의 반쪽 치료를 종료한 후 2달간 경과관찰을 한 결과 17명을 치료한 병원의 경우 5명에서는 재발이 일어나지 않았으며, 11명에서 기존의 기미보다는 색이 옅은 부분적인 재발이 일어났고, 1명에서 재발이 일어나서 기존의 기미부위보다 넓은 범위에 걸쳐 색이 짙어지고 부분적인 저색소반이 나타났다(Fig. 2~5). 부분 재발을 보인 12명에 대하여 국소 미백제(Triluma®-cr)를 도포하였으며 7명은 호전 반응을 보였으나, 5명은 반응을 보이지 않았다.

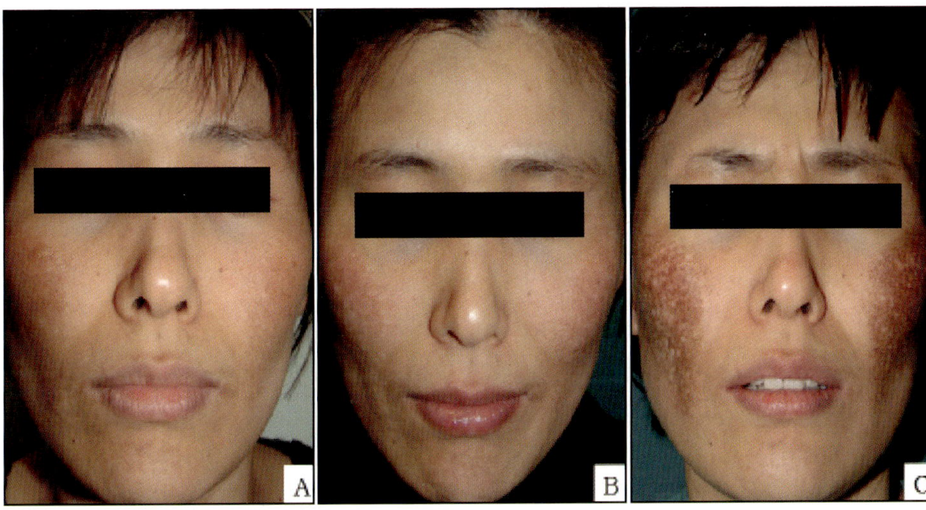

Fig. 4. F/39, Only one patient was aggravated 2 months after 8 treatments. (A) Before treatment. (B) The melasma lesion was partially improved after 8 treatments. (C) The melasma lesion was aggravated 2 months after 8 treatments.

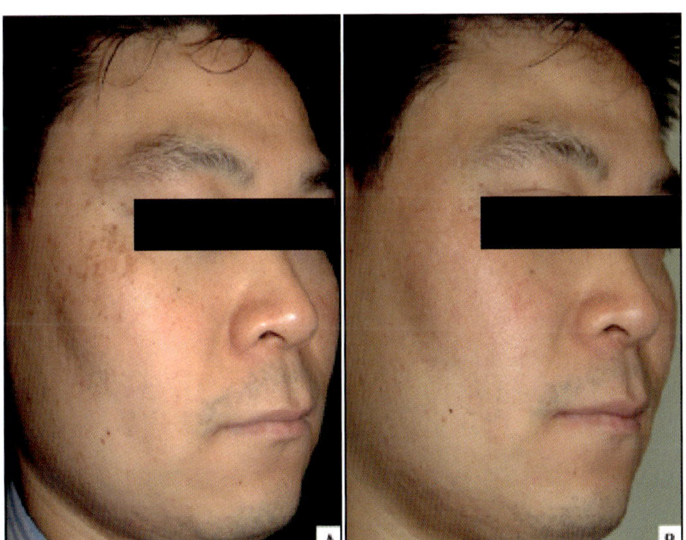

Fig. 5. M/35, (A) Before treatment. (B) There are focal hypopigmented lesions after 8 treatments.

3. Shin JB, Jeong SY, Ro KW, Seo SH, Son SW, Kim IH. Subcellular selective photothermolysis: an electron microscopic evidence in melasma patients treated with collimated low fluence Q-switched Nd:YAG laser. Korean J Dermatology 2008;46:S2, p187

연구 결과는 레이저 토닝법이 기미 치료에 있어 효과적이라는 것을 인체 대상 기미 병변의 조직에서 전자 현미경을 통한 세포 수준의 변화 관찰로 이 치료법의 기전을 이해하는 데 필요한 근거를 제공하고 있다. 또한, 이 연구결과는 기미 치료에서 subcellular selective photothermolysis의 개념을 발전시킬 수 있는 기초 자료가 되었다.

4. Kim JH, Jeong SY, Shin JB, Park HC, Kim IH. Subcellular selective photothermolysis in zebrafish : an electron microscopic evidence after Q-switched Nd:YAG laser ablation. Korean J Dermatology.2008;46:S2, p187.

제브라피시 동물 모델을 활용한 이 연구는 Q-switched Nd:YAG 레이저가 피부 색소 치료에 효과적이라는 것을 전자 현미경을 통해 입증하였으며, SSP 기전을 실험적 자료로 제시하였다.

5. Kim JH, Kim H, Park HC, Kim IH. Subcellular selective photothermolysis of melanosomes in adult zebrafish skin following 1064-nm Q-switched Nd:YAG laser irradiation. J Invest Dermatol 2010;130:2333-2335.

이 연구는 1064-nm Q-스위치 Nd:YAG 레이저가 멜라노좀을 선택적으로 타겟팅하여 파괴할 수 있음을 세포 소기관 수준에서 입증하였다. 이는 색소성 피부질환 치료의 새로운 방법으로서, 높은 효능과 안전성을 제시하였다.

6. JH Kim, DH Kim, JH Kim, SG Lee, HS Kim, HC Park, Il-Hwan Kim. Recovery of Pigmentation Following Selective Photothermolysis in Adult Zebrafish Skin: Clinical Implications for Laser Toning Treatment of Melasma. Journal of Cosmetic and Laser Therapy. 10/2012;DOI:10.3109/14764172.2012.738908.

이 연구에 대한 자세한 설명은 제3장에서 기술하였다.

7. 인도계 연구자들이 정리한 Dermatol Ther (Heidelb). 2022 Sep;12(9):1989-2012 리뷰 논문에서 기미 치료 단계를 보면 치료법으로 레이저 토닝이 포함되었으며 기존 치료에 저항하는 경우 사용하는 3rd line therapy로 분류하고 있다. 이 논문의 주요 내용이다. 기미는 삶의 질에 큰 영향을 미치는 빈번한 재발 색소 질환이며 아직 치료법이 없다.

① UVB, UVA 및 청색-보라색 가시광선(예: 광범위 차단 자외선 차단제)에 대한 광 보호는 성공적인 치료, 색소 침착 개선, 재발 방지 및 고위험군의 질병 예방에 필수적이다.

② Tyrosinase억제제 (Hydroquinone/Triple Combination Cream) 국소 요법이 치료의 기본이다.

③ 경구용 요법(예: 트라넥삼산) 및 마이크로니들링은 국소 요법과 연결하여 시너지 효과를 높일 수 있다.

④ 표재성 박피와 Q-switched 레이저 토닝은 표피에서 멜라닌을 잘 제거하여 임상 결과를 가속화 한다.

기미와 피부장벽기능에 관한 최근 연구

피부의 정상 pH는 일반적으로 4~6 산성이며 피부 장벽 기능을 유지하는 데 중요하다. 멜라닌은 피부의 pH에 영향을 미치는 요소 중 하나로, 높은 멜라닌 농도가 피부의 pH를 낮추는데 기여할 수 있다. 몇몇 연구에서는 멜라닌 농도가 증가할수록 피부의 pH가 감소하는 경향이 있다고 보고되었다. 멜라닌은 여러 가지 메커니즘을 통해 UV 흡수 및 차단, ROS 제거, DNA 손상 방지, 면역 반응 조절 등이 그 주요 내용이다 피부 장벽 기능에 중요한 역할을 하며, UV 손상으로부터 피부를 보호하고, 피부 pH와 수분 손실을 조절함으로써 장벽 기능을 개선하는 데 기여한다. 이러한 연구들은 피부 건강을 유지하고 미용 치료에 있어 멜라닌의 중요성을 강조하고 있다.

Analyst. 2022 Jun 13;147(12):2703-2711. Inhibition mechanism of melanin formation based on antioxidant scavenging of reactive oxygen species.

Journal of Dermatology and Dermatologic Surgery 24(2):p 84-87, Jul-Dec 2020. Skin pH and its relationship with transepidermal water loss and disease severity in children with atopic dermatitis: A cross-sectional study.

1) 레이저 토닝 전 후 장벽기능 변화

Q-switched Nd:YAG 레이저 토닝 치료 후, 피부의 장벽 기능이 개선된다는 연구 결과가 보고되었다. 연구 결과 치료 후 피부의 수분 손실이 감소하고, 수분 유지 능력이 향상된 것으로 나타났다. 레이저 토닝 후 다소 낮은 pH가 유지되는 경향이 있으며, 이는 피부의 산성막이 강화됨을 나타냈다. 또한 Q-switched Nd:YAG 레이저 토닝은 피부의 콜라겐 합성을 촉진하여 피부의 탄력성과 두께를 증가시키는 효과가 있다. 이러한 변화는 피부 장벽 기능을 강화하고 외부 자극에 대한 저항력을 증내시킨나. 따라서 레이저 토닝 치료 후 피부 수분 유지, pH 안정성, 탄력성 증가 및 항산화 수준의 개선 등이 주요 효과로 나타났다.

Experimental Dermatology. 2024. Q-switched 1064nm Nd: YAG laser restores skin photoageing by activating autophagy by TGFβ1 and ITGB1.

Lasers in Medical Science. 2018. Q-switched 1064 nm Nd-Yag nanosecond laser effects on skin barrier function and on molecular rejuvenation markers in keratinocyte-fibroblasts interaction.

2) 기미에서의 알려진 lipid metabolism gene의 변화

지질 대사는 피부의 보습, 염증 조절, 그리고 장벽 기능에 중요한 역할을 하며, 이러한 변화가 멜라닌 농도에 영향을 미칠 수 있다.

2024. Specific gut microbiome's role in skin pigmentation: insights from SCARB1 mutants in Oujiang color common carp. Journal of Applied Microbiology.

FASN (Fatty Acid Synthase): 지방산 합성에 관련되어 있으며, 기미 환자에서 FASN의 발현이 증가하는 경향을 보여 지방산 대사가 활성화되어 멜라닌 합성이 촉진된다. 즉, FASN의 발현이 증가하면 멜라닌 합성에 필요한 지방산의 양이 늘어나며, 이는 멜라닌색소세포에서

멜라닌 합성을 자극할 수 있다. 지방산은 에너지원으로 사용되며, 에너지가 충분히 공급될 경우 멜라닌색소세포의 활성과 멜라닌 합성을 증가시킬 수 있다. FASN의 활성은 염증성 사이토카인 및 신호 전달 분자의 생성을 촉진하여, 염증 반응을 강화할 수 있다. 이는 기미의 발생 및 악화와 관련이 있다. 염증 반응의 증가로 멜라닌 생성이 증가할 수 있다. 비정상적으로 높은 지방산 합성은 피부의 지질 균형을 교란시켜 피부 장벽 기능도 저하시킬 수 있다.

SREBF1 (Sterol Regulatory Element-Binding Protein 1): 지질 대사와 관련된 전사인자로, 기미 환자에서의 발현 증가가 관찰되었고 이는 피부의 지질 대사 및 멜라닌 합성과 관련이 있다.

2024. Exosomes Derived from Hypertrophic Scar Fibroblasts Suppress Melanogenesis in Normal Human Epidermal Melanocytes. International Journal of Molecular Sciences.

ACACA (Acetyl-CoA Carboxylase Alpha): 지방산 합성에 중요한 역할을 하며, 기미 환자에서는 ACACA의 발현의 변동이 있다.

지질 대사 유전자의 변화는 염증 반응과 상호 연관되어 있고 공통적으로 염증 관련 사이토카인 및 신호 전달 경로에 영향을 미쳐 멜라닌 생산을 조절하는 데 관여할 수 있다.

3) 기미 발생의 기전 관련 최신 지견 요약

멜라닌색소세포는 고기능성을 보이며, paracrine 및 autocrine 자극에 의해 유멜라닌 생성을 촉진한다. 자외선(UV) 노출은 표피와 상피의 상층에서 멜라닌생성, 산화적, 염증 반응을 유발한다. αMSH 및 그 수용체(MC1R)는 각질형성세포와 멜라닌색소세포에서 증가한다. 호르몬 자극은 에스트로겐-β(ER2) 및 프로게스테론(PR)의 핵 수용체를 통해 멜라닌생성을 매개한다. 여러 성장 인자 또한 멜라닌생성을 자극하며, 노화된 섬유아세포에서 활발히 방출된다. 이들 성장 인자로는 신경성장인자 type β(NGFβ), 줄기세포인자(SCF), 간세포성장 인자(HGF), 기본섬유성장인자(bFGF), 각질형성성장인자(KGF), 그리고 sFRP2가 포함된다. 엔도텔린-1(ET1)은 자외선 노출 후 혈관내피세포와 각질형성세포에서 분비된다. 비만세포는 paracrine자극 및 UV 노출에 반응하여 히스타민을 방출한다. 단백질 분해효소 활성화 수용체-2(PAR2)는 멜라닌색소세포의 dendrite 형성과 각질형성세포의 멜라노좀 섭취를 자극하며, SCF의 분비를 유도한다. 기미에서 멜라닌색소세포는 자가포식이 감소되어 있으며(↓ LC3B-microtubule-associated proteins 1A/1B light chain), 이는 멜라닌생성을 자극한다. 또한, KCs와 섬유아세포에서 CDH11(카드헤린-11)의 발현이 증가함에 따라 MITF의 표적 마이크로RNA인 miR-675의 발현이 낮아지는 것과 관련이 있다. 이로 인해 기저막과 상부진피의 손상이 발생한다. 기미의 표피에서는 유도성 질소 산화 효소(iNOS)와 Wnt1에 의해 생성된 질산화물(NO)의 농도가 증가한다. 이와 같은 맥락에서, 기미는 멜라닌색소세포와 주변 여러 세포들 간의 복잡한 상호작용과 조절 요인들의 영향을 받아 발생하는 피부 상태로 이해된다. (출처: Update on Melasma—Part I: Pathogenesis. Dermatol Ther (Heidelb). 2022 Jul 29;12(9):1967-1988)

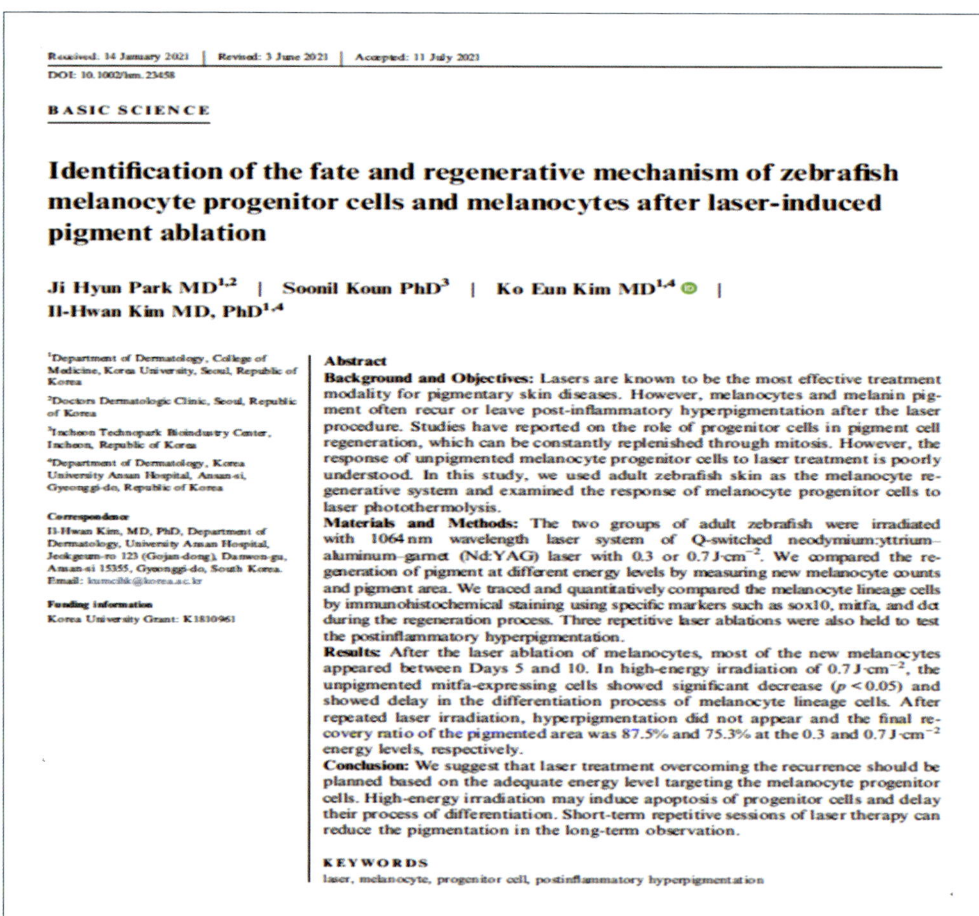

Received: 14 January 2021 | Revised: 3 June 2021 | Accepted: 11 July 2021
DOI: 10.1002/lsm.23458

BASIC SCIENCE

Identification of the fate and regenerative mechanism of zebrafish melanocyte progenitor cells and melanocytes after laser-induced pigment ablation

Ji Hyun Park MD[1,2] | Soonil Koun PhD[3] | Ko Eun Kim MD[1,4] | Il-Hwan Kim MD, PhD[1,4]

[1]Department of Dermatology, College of Medicine, Korea University, Seoul, Republic of Korea

[2]Doctors Dermatologic Clinic, Seoul, Republic of Korea

[3]Incheon Technopark Bioindustry Center, Incheon, Republic of Korea

[4]Department of Dermatology, Korea University Ansan Hospital, Ansan-si, Gyeonggi-do, Republic of Korea

Correspondence
Il-Hwan Kim, MD, PhD, Department of Dermatology, University Ansan Hospital, Jeokgeum-ro 123 (Gojan-dong), Danwon-gu, Ansan-si 15355, Gyeonggi-do, South Korea.
Email: kumcihk@korea.ac.kr

Funding information
Korea University Grant: K1810961

Abstract
Background and Objectives: Lasers are known to be the most effective treatment modality for pigmentary skin diseases. However, melanocytes and melanin pigment often recur or leave post-inflammatory hyperpigmentation after the laser procedure. Studies have reported on the role of progenitor cells in pigment cell regeneration, which can be constantly replenished through mitosis. However, the response of unpigmented melanocyte progenitor cells to laser treatment is poorly understood. In this study, we used adult zebrafish skin as the melanocyte regenerative system and examined the response of melanocyte progenitor cells to laser photothermolysis.
Materials and Methods: The two groups of adult zebrafish were irradiated with 1064 nm wavelength laser system of Q-switched neodymium:yttrium–aluminum–garnet (Nd:YAG) laser with 0.3 or 0.7 $J{\cdot}cm^{-2}$. We compared the regeneration of pigment at different energy levels by measuring new melanocyte counts and pigment area. We traced and quantitatively compared the melanocyte lineage cells by immunohistochemical staining using specific markers such as sox10, mitfa, and dct during the regeneration process. Three repetitive laser ablations were also held to test the postinflammatory hyperpigmentation.
Results: After the laser ablation of melanocytes, most of the new melanocytes appeared between Days 5 and 10. In high-energy irradiation of 0.7 $J{\cdot}cm^{-2}$, the unpigmented mitfa-expressing cells showed significant decrease ($p < 0.05$) and showed delay in the differentiation process of melanocyte lineage cells. After repeated laser irradiation, hyperpigmentation did not appear and the final recovery ratio of the pigmented area was 87.5% and 75.3% at the 0.3 and 0.7 $J{\cdot}cm^{-2}$ energy levels, respectively.
Conclusion: We suggest that laser treatment overcoming the recurrence should be planned based on the adequate energy level targeting the melanocyte progenitor cells. High-energy irradiation may induce apoptosis of progenitor cells and delay their process of differentiation. Short-term repetitive sessions of laser therapy can reduce the pigmentation in the long-term observation.

KEYWORDS
laser, melanocyte, progenitor cell, postinflammatory hyperpigmentation

이 논문은 Zebrafish의 피부를 모델로 사용하여, 멜라닌세포 전구세포가 레이저 치료 후 멜라닌성 세포 재생에 중요한 역할을 한다는 것을 밝혀냈다. 이 세포들은 mitosis를 통해 지속적으로 재생될 수 있는 능력을 가지고 있다. 색소 제거 후 재생 과정-레이저 처리는 피부에 멜라닌세포를 손상시키며, 이 과정에서 멜라닌세포 전구세포가 활성화되어 새로운 멜라닌세포를 생성한다. 연구 결과에 따르면, 이 과정에서 전구세포의 대부분이 효율적으로 멜라닌 세포로 분화됨을 확인하였다. 조직 검사에서 손상된 영역에서 멜라닌세포 전구세포의 증가가 관찰되었으며, 이들이 어떻게 서로 상호작용하며 재생 과정에 기여하는지를 밝히는 것이 연구의 중요한 부분이었다. 또한, 멜라닌색소의 재형성이 이루어지는 메커니즘도 조사되었다. 결론: zebrafish 멜라닌세포 전구세포가 레이저 유도 색소 제거 후 효과적으로 멜라닌 세포를 재생하는 메커니즘을 명확히 설명하며, 이러한 발견은 피부 색소 관련 질환의 치료 전략 개선에 기여할 수 있는 가능성을 제시한다. 또한, 이 연구는 멜라닌세포 재생의 기초 과정을 이해하는 데 중요하며, 향후 멜라닌세포의 기능 및 특성에 대한 추가 연구를 촉진할 것이다.

Morphologic Changes of Zebrafish Melanophore after Intense Pulsed Light and Q-Switched Nd:YAG Laser Irradiation

Hwa Jung Ryu, Ji Min Lee, Hee Won Jang, Hae Chul Park[1], Im Joo Rhyu[2], Il-Hwan Kim

Department of Dermatology, Korea University College of Medicine, [1]Laboratory of Neurodevelopmental Genetics, Graduate School of Medicine, Korea University, [2]Department of Anatomy, Korea University College of Medicine, Seoul, Korea

Background: Recently, the pulse-in-pulse mode of intense pulsed light (IPL) has been used increasingly for the treatment of melasma. **Objective:** To observe the morphologic changes in the melanophore in adult zebrafish after irradiation with conventional and pulse-in-pulse IPL and Q-switched Nd:YAG (QSNY) laser. **Methods:** Adult zebrafish were irradiated with conventional and pulse-in-pulse mode of IPL. The conditions for conventional IPL were 3 mJ/cm^2, 560 nm filter, and pulse widths of 7, 20, and 35 msec. The pulse-in-pulse conditions were 3 mJ/cm^2 and on-time 1/off-time 2. The QSNY laser was used with the settings of 1,064 nm, 0.4 J/cm^2, a 7 mm spot size, and one shot. Specimens were observed using a light microscope, a transmission electron microscope (TEM), a scanning electron microscope (SEM) and a confocal microscope. **Results:** After conventional IPL irradiation with a 7 msec pulse width, melanophore breakage was observed using light microscopy. Under TEM, irradiation with conventional IPL for 7 msec and pulse-in-pulse IPL induced melanophore thermolysis with vacuolization. However, changes in the melanophore were not observed with 35 msec IPL. Under SEM, unlike the control and QSNY groups, IPL-irradiated zebrafish showed finger-like fusion in the protein structure of scales. Specimens examined by a confocal microscope after conventional IPL irradiation showed a larger green-stained area on TUNEL staining than that after pulse-in-pulse mode IPL irradiation. **Conclusion:** Zebrafish irradiated with long pulse-IPL showed no morphologic changes using light microscopy, while morphological changes in melanophores were evident with use of TEM. Pulse-in-pulse mode IPL caused less damage than conventional IPL. **(Ann Dermatol 28(6) 711～717, 2016)**

-Keywords-
Intense pulsed light, Melanophores, Zebrafish

Received February 1, 2016, Revised March 28, 2016, Accepted for publication March 30, 2016

Corresponding author: Il-Hwan Kim, Department of Dermatology, Korea University Ansan Hospital, Korea University College of Medicine, 123 Jeokgeum-ro, Danwon-gu, Ansan 15355, Korea. Tel: 82-31-412-5180, Fax: 82-31-412-4208, E-mail: kumcihk@korea.ac.kr

INTRODUCTION

Intense pulsed light (IPL) refers to polychromatic light that radiates at a wavelength from 400～1,200 nm depending on the filter in contrast to laser light, which is monochromatic. In the past several decades, IPL has become popular for pigmentation removal and skin rejuvenation. However, the underlying mechanisms are unclear.

More recently, the pulse-in-pulse mode of IPL has been used increasingly for the treatment of melasma and post-inflammatory hyperpigmentation. Conventional IPL radiates light every 2～35 msec, while the pulse-in-pulse mode radiates light over a shorter time span (1～900 μsec); the latter emits multiple fractionated subpulses within a pulse

본 연구는 제브라피쉬 멜라노포어(melanophore)를 모델로 IPL과 Q-switched Nd:YAG 레이저가 색소 세포에 미치는 형태학적 변화를 비교하고, 두 가지 광원 치료법의 작용 메커니즘을 이해하고자 계획되었다. IPL은 색소 응집과 세포 수축을 통해 색소 밀도를 감소시키는 효과가 있으며, 세포에 가벼운 물리적 손상을 줄 수 있으나 Q-switched Nd:YAG 레이저는 멜라닌 입자를 직접적으로 파괴하고 세포 구조를 분해하여 색소 감소와 세포 괴사를 유발하는 강력한 효과를 보였다. 색소성 피부 질환에 대해 상이한 작용 방식과 효과를 가지고 있음을 확인하였고 두 레이저의 임상적 적용에서 선택적인 활용 가능성을 제공한 연구이다.

Influence of Pulse Type on Subcellular Selective Photothermolysis of Melanosomes in Adult Zebrafish Skin Following 1,064-nm, Q-switched, Nd:YAG Laser Irradiation: A Pilot Study

Min Gun Yoo, Byoung Joon So, Ji Min Lee, Do Hyun Kim[1], Hae Chul Park[1], Hwa Jung Ryu, Il-Hwan Kim

Department of Dermatology, Korea University College of Medicine, [1]Laboratory of Neurodevelopmental Genetics, Graduate School of Medicine, Korea University, Seoul, Korea

Dear Editor:

In recent years, laser toning using low fluence, multiple-passed, Q-switched, 1,064-nm neodymium:yttrium-aluminum-garnet (Nd:YAG) lasers has gained popularity in Asian countries for the treatment of melasma. However, laser toning often results in hyperpigmentation or mottled depigmentation[1-3]. Therefore, it is critical to determine the optimal conditions for laser toning, including pulse type and irradiation energy density. In our previous study using a zebrafish model[4], we suggested the concept of subcellular selective photothermolysis (SSP) of melanosomes. The recently introduced dual-pulse, 1,064-nm, Q-switched Nd:YAG laser has received considerable attention.

We performed a pilot study to investigate the influence of pulse type on SSP of melanosomes. For this purpose, we used two Q-switched Nd:YAG lasers with different pulse types: (1) conventional pulse (Spectra VRMIII; Lutronic Corp., Goyang, Korea) and (2) dual-pulse laser (Pastelle-PTP mode; Won Tech., Daejeon, Korea). The conventional pulse-type laser had a wavelength of 1,064 nm; fluence of 0.4, 0.5, and 1.0 J/cm^2; and a spot size of 7 mm. The dual-pulse laser had a wavelength of 1,064 nm; fluence of 0.4, 0.5 and 1.0 J/cm^2; and a spot size of 7 mm. We irradiated the caudal peduncle of adult zebrafish with a single light pulse. To identify the fluence level that sufficiently destroys melanosomes, zebrafish were irradiated at fluence levels of 0.5 and 1.0 J/cm^2 with both pulse types, with one zebrafish subjected to each condition. We observed and analyzed temporal changes in melanosomes at the irradiation site, and we examined the tissues 1 week after irradiation when all of the pigment debris had disappeared. The images were developed into black and white photographs to accentuate pigment-free lesions. The relative pigmentation density after laser irradiation was quantified using Quantity One 1-D analysis software (version 4.6.3; Bio-Rad Inc., Hercules, CA, USA). According to the SSP concept, we stained the zebrafish skin tissue with 4',6-diamidino-2-phenylindole (DAPI) and terminal deoxynucleotidyl transferase dUTP nick end labeling (TUNEL) 1 day after irradiation at fluence levels of 0.4 and 0.5 J/cm^2 with both pulse types to test whether the laser pulse type has an effect on melanophores and their adjacent cells. The experimental protocols were approved by the Korea University Animal institutional review board (No. KUIACUC-2013-172).

A relative pigmentation density less than 1.0 was observed 1 week after irradiation with light at fluence levels of 0.5

Received January 21, 2014, Revised May 7, 2014, Accepted for publication June 23, 2014

Corresponding author: Il-Hwan Kim, Department of Dermatology, Korea University Ansan Hospital, 123 Jeokgeum-ro, Danwon-gu, Ansan 425-707, Korea. Tel: 82-31-412-5986, Fax: 82-31-412-5985, E-mail: kumcihk@korea.ac.kr

이 논문의 주요 내용과 의의는 제3장에서 자세히 기술하였다.

ORIGINAL RESEARCH REPORT

Recovery of pigmentation following selective photothermolysis in adult zebrafish skin: clinical implications for laser toning treatment of melasma

JAE HWAN KIM[1], DO HYUN KIM[2], JI HAE KIM[3], SANG GEUN LEE[1], HYEON SOO KIM[3], HAE CHUL PARK[2] & IL-HWAN KIM[1]

J Cosmet Laser Ther. 2012 Dec;14(6):277-85. doi: 10.3109/14764172.2012.738908

Abstract

In recent years, laser toning has gained popularity for the treatment of melasma, and tyrosinase inhibitors are conventionally used to prevent its recurrence after this treatment. The effectiveness of this treatment modality, however, is still questionable, and additional *in vivo* studies are needed to validate the method. In this study, we used adult zebrafish skin as an adult melanocyte regenerative system and examined the simulated human skin response to laser toning. Melanosomes regenerated after selective photothermolysis, and these organelles showed a bi-directional translocation pattern in accordance with the changes of intact melanosome patterns. Furthermore, a tyrosinase inhibitor, 1-phenyl-2-thiourea (PTU), completely blocked melanosome regeneration after laser irradiation, but this inhibitor failed to prevent melanosome regeneration after the medication was discontinued. Finally, arbutin and kojic acid, the commercially available tyrosinase inhibitors, slowed down but did not completely block melanosome regeneration. Based on these findings, we describe the limitations of laser toning treatment of melasma and the combined use of tyrosinase inhibitors. We suggest that melanosomes in adult zebrafish skin can be utilized for studying melanosome regeneration response to laser irradiation and for developing a system to assess the comparative efficacy of melanogenic regulatory compounds.

Introduction In recent years, "laser toning", a method that employs a low fluence, large spot size, multiple passed Q-switched neodymium:yttrium-aluminum-garnet (Nd:YAG) laser has gained popularity in Asian countries for the treatment of melasma (1). A low fluence 1064-nm Q-switched Nd:YAG laser with a pulse width of < 7 ns has been suggested to selectively photothermolyse melanosomes without melanocyte destruction, and the term "subcellular selective photothermolysis" has been proposed to describe the mechanism for improvement of melasma with laser toning (2). The purpose of this treatment is to remove melanin pigments with a lower down time, which prevents post-inflammatory hyperpigmentation following melanocyte destruction, as this problem is especially common in Asians (3). Although published studies have indicated that laser toning is an effective, easily performed melasma treatment (2,4–9), other studies have argued that this treatment is unlikely to be curative and produces only temporary improvement (1,10).These contrasting assessments of laser toning are, at least in part, due to different expectations about the efficacy of hypo-pigmenting agents used in combination with lasers. Selectively photothermolysed melanosomes may regenerate within melanocytes if melanocytes are not destroyed; however, the combined use of hypo-pigmenting agents before or after laser toning has been reported to shut down the melanin-producing machinery and prevent recurrence of melasma (5,11,12). This finding is still controversial because currently available hypo-pigmenting agents are mostly tyrosinase inhibitors, which have not been thoroughly studied *in vivo* with respect to their ability to suppress melanosome regeneration following laser irradiation. To resolve the controversy and describe laser toning as a more useful treatment modality, studies to investigate how selectively photothermolysed melanosomes regenerate and how efficiently tyrosinase inhibitors suppress melanosome regeneration within the living organism are needed.To this end, we used adult zebrafish as an *in vivo* animal model to study melanosome regeneration. We previously reported subcellular selective photothermolysis of melanosomes in adult zebrafish skin following Q-switched Nd:YAG laser irradiation with 1064 nm wavelength, 5–7 ns pulse duration, 7 mm spot size, and 0.4 J cm^{-2} fluence (13). Using this model, we first selectively photothermolysed melanosomes in adult zebrafish melanophores and then studied melanosome regeneration. First, we studied the melanosome regeneration pattern, focusing on bi-directional translocation of melanosomes in the process of physiological color change. Second, we evaluated the inhibitory effects of tyrosinase inhibitors on the suppression of melanosome regeneration by quantifying the amounts of regenerated melanin.

이 논문의 주요 내용과 실험결과에 대한 의미는 제3장에서 자세히 기술하였다.

Subcellular Selective Photothermolysis of Melanosomes in Adult Zebrafish Skin Following 1064-nm Q-Switched Nd:YAG Laser Irradiation

Journal of Investigative Dermatology (2010) **130,** 2333–2335; doi:10.1038/jid.2010.129; published online 13 May 2010

TO THE EDITOR

The theory of selective photothermolysis has been the main concept underlying the development of lasers for the treatment of pigmentary disorders. In selective photothermolysis, brief pulses of optical radiation of suitable wavelength and energy can cause selective damage to pigmented structures, cells, and organelles (Parrish *et al.*, 1983; Hruza *et al.*, 1991; Goldberg *et al.*, 2008). To develop a melanocyte model for the evaluation of melanogenic regulatory compounds that block melanosome regeneration, we selectively photothermolysed melanosomes in adult zebrafish melanophores.

In recent years, the zebrafish has become a valuable model for the study of melanocyte biology (Ceol *et al.*, 2008). Zebrafish melanophores are externally visible, and single cells can be visualized in a living animal. In mammals, melanin pigment-containing melanosomes are transported to neighboring keratinocytes. However, zebrafish melanocytes retain melanin, which consequently serves as a reliable and useful cell-type marker. Furthermore, the characteristic pattern of pigment cells in the zebrafish skin, combined with newly developed molecular genetics techniques, makes the zebrafish an ideal experimental system for the evaluation of melanogenic regulatory compounds and the mechanism of pigmentation pattern formation (Choi *et al.*, 2007; Takahashi and Kondo, 2008).

To investigate selective photothermolysis at the subcellular level, we used a Q-switched neodymium:yttrium-aluminum-garnet (Nd:YAG) laser with the following parameters: 1064 nm wavelength, 5–7 ns pulse duration,

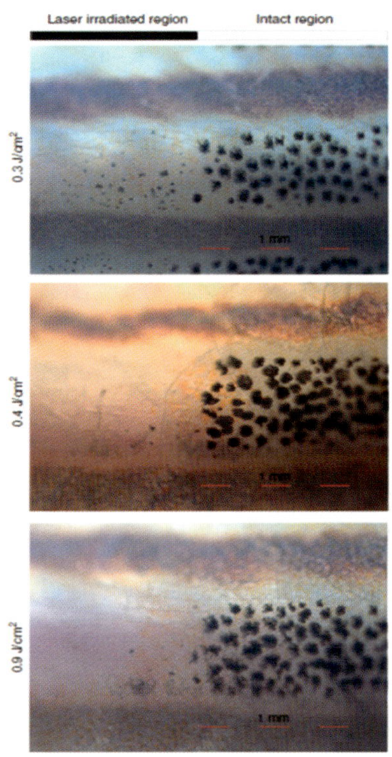

Figure 1. Changes in melanosomes in the melanophores in the black stripes of zebrafish 5 days after Q-switched neodymium:yttrium-aluminum-garnet laser irradiation. At 0.4 and 0.9 J cm^{-2} laser irradiation energy, most melanosomes in the beam path were absent by day 5, and the ablated region was pigment-free. In contrast, a number of pigmented spots remained at 0.3 J cm^{-2} fluence. Bar = 1 mm.

이 논문의 주요 내용과 실험결과에 대한 의미는 제3장에서 자세히 기술하였다.

Reviews

Precautions for the use of Q-switched neodymium:yttriu aluminium-garnet laser for treatment of melasma

Hwa Jung Ryu, Jeong Eun Kim & Il-Hwan Kim

Pages 667-679 | Published online: 10 Jan 2014

Cite this article https://doi.org/10.1586/17469872.2013.856684

Full Article　Figures & data　References　Citations　Metrics　Reprints & Permissions　Read this artic

Abstract

Melasma is a common pigmentary disorder with therapeutic challenges. Laser toning, a repetitive treatment of skin with low fluence 1064-nm Q-switched neodymium:yttrium-aluminium-garnet laser, has been recently used for treatment of melasma in Asia. Its mechanism is based on the subcellular selective photothermolysis theory that low fluence Q-switched neodymium:yttrium-aluminium-garnet laser treatment influences only melanosomes without destroying the melanocytes. No response to treatment, rebound hyperpigmentation or mottled hypopigmentation has been reported during laser toning. Patients with increased vasculature and erythema are poor indicators for laser toning, and history of skin-coloring tattooing should always be determined prior to treatment due to risk of paradoxical darkening. Sensitive skin with erythema should be treated prior to laser toning in order to recover the skin barrier. It is important to use low fluence for laser toning, as high fluence with strong photoacoustic energy will disrupt the basement membrane, further aggravating melasma.

Keywords:: laser toning　melasma　Q-switched Nd:YAG　side effects

이 리뷰 논문의 요점:

- 약물 치료가 어려운 기미에서 레이저 토닝법을 설명하였다.
- 레이저 토닝 치료법의 기전은 세포내 소기관인 멜라노좀을 선택적으로 파괴하여 멜라닌을 제거하는 기전인 Subcellular selective photothermolysis가 주요 개념이다.
- 기존 Selective photothermolysis 개념으로 레이저 토닝을 이해하고 기미 환자에 적용하는 경우 저색소반, 탈색소반, 과색소침착 등의 부작용이 발생할 수 있어 주의가 필요하다.
- 피부 장벽 기능이 저하된 민감성 피부 환자에서 특히 주의를 요한다.

|제7장|

기타 레이저를 이용한 연구 논문 소개

DERMATOLOGICAL SURGERY AND LASERS DOI 10.1111/j.1365-2133.2007.08061.x

Alteration of extracellular matrix modulators after nonablative laser therapy in skin rejuvenation

J. Oh, N. Kim, S. Seo* and I-H. Kim*

*Laboratory of Cellular Oncology and *Department of Dermatology, Korea University Ansan Hospital, Gojan 1-dong, Danwon gu, Ansan, Gyeonggi do 425-707, Korea*

Correspondence
Il-Hwan Kim.
E-mail: kumcihk@korea.ac.kr

Accepted for publication
13 April 2007

Key words
extracellular matrix, matrix metalloproteinases, nonablative laser, RECK, tissue inhibitors of metalloproteinases

Conflicts of interest
None declared.

Summary

Background Nonablative laser therapy is widely practised for skin rejuvenation, which stimulates collagen production and dermal matrix remodelling. Matrix remodelling is primarily modulated by a coordinated action of matrix metalloproteinases (MMPs) and their inhibitors, but the effects of nonablative lasers on these matrix modulators are not fully investigated.

Objectives To evaluate the changes in matrix modulators, such as MMP-1, MMP-2, MMP-3, MMP-9 and MT1-MMP, and their inhibitors (TIMP-1, TIMP-2 and RECK in particular), after nonablative laser treatments of human facial skin.

Methods Twenty-four adult volunteers received a series of four nonablative laser treatments separated by 3-week intervals on facial skin. Two-millimetre skin punch biopsies were obtained at baseline and 3 weeks after the last treatment.

Results Nonablative laser treatments led to a robust increase in two major dermal matrix components, type I collagen and tropoelastin. Among MMPs tested, levels of MMP-2 mRNA were statistically significantly increased, but the amount of active MMP-2 was rather reduced. More importantly, the expression level of RECK was significantly enhanced by laser treatments.

Conclusions Clinical outcomes following nonablative laser treatments may result not only from increased biosynthesis but also from decreased degradation, via an induction of RECK expression, of matrix proteins.

Br J Dermatol. 2007 Aug;157(2):306-10에 발표

논문의 요점과 의의: 비절개 레이저치료법(NAL)은 피부의 표면층을 손상시키지 않고 깊은 층에 에너지를 전달하여 콜라겐 생성을 촉진하고 진피 기질을 재구성하는 효과가 있다. 세포외기질(ECM)은 조직에 구조적 지지를 제공하는 단백질과 섬유로 구성되어 있다. 주요 ECM 조절 물질로는 콜라겐, 엘라스틴, 그리고 글리코사민오글리칸(GAGs)이 있다. 이들 성분은 피부의 탄력과 수분 유지에 필수적이며, 노화 과정에 큰 영향을 미친다. 진피 조직에 열자극을 주어 섬유아세포를 활성화시키고 ECM 단백질의 합성을 증가시킨다. 그 결과 콜라겐과 엘라스틴의 수준이 증가하여 피부가 탄탄해지고 질감이 개선되는 효과를 나타낸다. NAL 치료 후 ECM 조절 물질의 변화는 노화된 피부 재생을 위한 효과적인 치료 전략을 제공하며 광손상 징후를 줄이는 데 효과적이며, 절개형 치료에 비해 부작용이 적다. 이 연구는 미용 개선 및 피부 건강 개입을 위한 레이저 기술의 최적 활용 방안에 대한 통찰을 제공한다.

The surgical extrusion of moderate to large lipoma with the combination of minimal incision and lipolysis using 1444-nm Nd:YAG laser
(Poster reference number 5336)

Il-Hwan Kim, MD, PhD, Korea University Ansan Hospital, Ansan, South Korea; Sang Geun Lee, MD, Korea University Ansan Hospital, Ansan, South Korea; Sang Min Yi, MD, Korea University Ansan Hospital, Ansan, South Korea

Lipomas, composed of mature fat cells, are the most common benign tumor of soft tissue. Surgical excision has been used as a standard treatment for small lipomas. However, in patients with large lipoma, excision may result in a large scar and other surgical complications, such as hematoma, seroma, etc. Therefore, liposuction and laser lipolysis was introduced in order to achieve superior cosmetic results through the use of small incisions. But, however, there are also some limitations with these nonsurgical techniques. First, the capsule and interstitial septums of lipoma have a fibrous nature. Second, surgeons cannot see the mass directly with these nonsurgical methods. Therefore, treatment of large lipoma with these methods may result in an inadequate resection with residual tissues, possibly leading to recurrence. Furthermore, these modalities will not allow histopathologic study of the original mass. Therefore, authors would like to propose a new modality which is the combination of small incision (1.5~3 cm) and fat lipolysis using the 1444-nm Nd:Yag laser which has more superior fat absorption rate than the 1064-nm Nd:Yag laser. Three patients with middle to large sized lipoma were treated with this technique. After minimal incision was done, the laser energy was delivered to the subcutaneous tissue in direct contact with the center of lipoma through a laser fiber optic with steel microcannula. Upon completion of the lipolysis step, the fragmented or partially liquefied remnants of lipoma with capsular wall were detached from surrounding tissues and pinched out through the incision by gentle squeezing. There were no severe complications or clinical recurrence during the follow up period. In conclusion, surgical extraction of lipoma with the combination of minimal incision and 1444-nm laser lipolysis is an excellent, minimally invasive surgical technique in treatment of moderate to large lipomas.

Commercial support: None identified.

AB216 J Am Acad Dermatol

Volume 66, Issue 4, Supplement 1AB216 April 2012. 이 논문은 포스터 발표 후 논문으로 출판하지 않음.

THERAPEUTIC TRIAL OF NECROBIOSIS LIPOIDICA WITH NON-ABLATIVE 1550 NM FRACTIONAL ER: GLASS LASER. JOURNAL OF DERMATOLOGY, 2014, v.41, Issue S1. Abstract for the 3rd EADC p.105

P-693

PAINFUL AND MULTIPLE GLOMUS TUMOR ON THE FINGER PULP OF THE DISTAL PHALANX

Yoshiki TANIGUCHI[1], Akisa YAMAGIWA[1], Nanae KIMURA[1], Yoshiharu NARA[2]
[1]Department of Dermatology, Yokkaichi Municipal Hospital, Japan, [2]Department of Pathology, Yokkaichi Municipal Hospital, Japan

A glomus tumor is a rare and benign vascular tumor. It can originate in multiple locations on the body, although it has most frequently been found in subungual areas of fingers. We have treated nine patients of glomus tumor since 2005. Among them a patient had multiple glomus tumors on the finger pulp of the digital phalanx.
A 53-year-old male patient presented with a three-year history of progressively intense pain and severe tenderness of his right little finger. Although the pain was observed in the fingertip at the time of the first medical examination, a color change was not clear in a cutaneous surface. A surface echo examination revealed a tumor with rich blood vessels. Magnetic resonance imaging with intravenous gadolinium enhancement demonstrated 2 lesions measuring 2 mm to 3 mm. The signal pattern suggested 2 glomus tumors. At the time of an operation, three incision lines were marked according to a pain which the patient insisted. Three removed tissues had a typical glomus tumor in the pathological examination. There was no recurrence checked after six month.
If the glomus tumor is tiny, the lesion is sometimes hard to detect. It is important to face the patient's saying earnestly in the meaning which prevents a recurrence.
Keywords: glomus tumor, finger tip, MRI

P-695

THERAPEUTIC TRIAL OF NECROBIOSIS LIPOIDICA WITH NON-ABLATIVE 1550 NM FRACTIONAL ER:GLASS LASER

Byeung Joon SO[1], Seung Hyun CHUN[1], Ji Min LEE[1], Min Gun YOO[1], Hwa Jung RYU[1], Seng Wook SON[1], Il-Hwan KIM[1]
[1]Department of Dermatology, Korea University Ansan Hospital, Korea

Necrobiosis lipoidica is a rare chronic granulomatous disease of unknown pathogenesis which often affects patients with diabetes mellitus. Initially presenting as erythematous papules and nodules, lesions later demonstrate as plaques with yellow-brown discoloration and in some cases ulcers. Lesions are generally one to three in number and located at the shin.
A 45-year-old male patient visited hospital with asymptomatic erythematous to yellowish patch on left shin since 3 years ago. The patient had diabetes mellitus and hypertension, with an episode of acute myocardial infarction. The skin lesion had previously been treated in 7 different hospitals but failed to improve.
Punch biopsy was done at the site of yellowish patch. Histopathologic examination showed chronic histiocytic granulomatous inflammation and degenerative collagen fiber in deep dermis parallel to skin. Further slide review was done at Korean Hansen Welfare Association to rule out leprosy and tuberculosis, with negative results for both of them. Therefore, putting pathologic and clinical features together, we could diagnose necrobiosis lipoidica. The patient underwent treatment with non-ablative 1550-nm fractional Er:Glass laser every 2 weeks. Evaluation of the lesion after 5 sessions of therapy revealed no gross improvement of the lesion in coloration or size.
Necrobiosis lipoidica has traditionally been a difficult disease to cure and few numbers of large-numbered randomized controlled trials makes it more challenging. Among the many treatment options are laser therapy, with currently two modalities investigated so far: ablative fractional CO2 and pulsed dye laser. In our case, non-ablative fractional Er:Glass laser therapy was attempted but the result was insufficient to be considered effective. Therefore we report non-ablative fractional ErGlass laser as an inadequate treatment option of necrobiosis lipoidica, although further investigation needs to be established with large-numbered researches.
Keywords: necribiosis, lipoidica, fractional Er:glass

P-697

FUNCTIONAL LIP RECONSTRUCTION USING MYOMUCOSAL V-Y ADVANCEMENT FLAP COMBINED WITH AUTOLOGOUS DERMAL GRAFT FOLLOWING MOHS MICROGRAPHIC SURGERY

Seung-Min HA[1], Seung-Hwan CHOI[1], Dong-Yeob KO[1], Ki-Ho KIM[1], Ki-Hoon SONG[1]
[1]Department of Department of Dermatology, Dong-a University College of Medicine, Korea

The lip is a distinct anatomic unit that plays an important role in facial appearance and function for eating and speaking. So, reconstruction of the large lip defect can present a challenge to the Mohs surgeon who seeks excellence in restoration of the aesthetics and functions of this unique structure. To restore the normal function and natural lip contour, the volume replacement, and aesthetic lip line reconstruction are mandatory.
Myomucosal V-Y advancement flap is relatively simple, and the color and texture of the vermilion after this flap are similar to those of the normal vermilion. Also, a full-thickness transection of the orbicularis oris muscle results in sufficient range of flap movement and blood supply. But, in deep defects, tissue volume may be insufficient resulting in lip depression and whistle deformity. We performed the additional autologous dermal graft combined with myomucosal V-Y advancement flap to enhance the flap survival, flap uptake, and the supplementary volume, compared with simple buccal or cutaneous V-Y flap.
Here, the authors present a series of cases with more than two-thirds defects of the lip following Mohs micrographic surgery for squamous cell carcinoma. The defects were successfully covered with myomucosal V-Y advancement flap with autologous dermal graft to replace adquate volume and fuction as well as good cosmesis.
Keywords: Lip reconstruction, myomucosal V-Y advancement flap, autologous dermal graft

P-698

MODIFIED KEYSTONE PERFORATOR FLAP FOR A LARGE MOHS DEFECT OF THE TRUNK AND EXTREMITIES

Seung-Min HA[1], Seung-Hwan CHOI[1], Dong-Yeob KO[1], Ki-Ho KIM[1], Ki-Hoon SONG[1]
[1]Department of Dermatology, Dong-a University College of Medicine, Korea

Trunk and extremity reconstruction following Mohs surgery for melanoma or highly malignant tumors is challenging, usually leaving large defects. Various reconstruction methods such as random pattern flap, axial flap including perforator or free flap, and skin graft can be used to resolve this problem.
The keystone perforator island flap was first described by Behan in 2003. In 2008, the Sydney Melanoma Unit reported modified keystone perforator flap to enhance flap survival. This modified method has several advantages including short operative time, high reproducibility, ease of use, and favorable aesthetic outcome.
Here, the authors present a series of cases with various Mohs defect sites including back, buttock, thigh, and calf. The average defect size measured 56.17 ± 19.35 × 42.17 ± 16.57 cm. The defects were successfully covered with modified keystone perforator flap and healing well with good cosmetic and functional outcomes without signs of dehiscence or tension necrosis. In conclusion, the modified keystone perforator flap is a reliable and effective method of closing large, deep skin defects of the trunk and extremity.
Keywords: Modified keystone perforator flap, Mohs micrographic surgery, Trunk and extremity defect

3rd Eastern Asia Dermatology Congress
 105

난치성 질환인 NLD 피부 병변에 Fraxel을 시도한 연구로 논문으로 출판하지 않음.

ORIGINAL ARTICLE

Check for updates

Efficacy of skin rejuvenation with a fractional 1927-nm thulium laser alone or combined with a chemical peel: a controlled histopathological preliminary study in a mouse model

Ko Eun Kim[1,2] · Jae Yeong Jeong[1,2] · Ju Young Jo[1,2] · Hwa Jung Ryu[1,2] · Il-Hwan Kim[1,2]

Received: 29 May 2023 / Accepted: 27 October 2023 / Published online: 10 November 2023

Abstract
Many patients demand minimally invasive treatments for skin rejuvenation, such as nonablative laser and superficial chemical peels. Combination therapy yet has not been studied histopathologically. The purpose of this study is to assess the histopathological efficacy of a 1927-nm thulium laser-assisted salicylic acid (SA) peel in skin rejuvenation. A six-segment table was drawn on the shaved back of C57BL/6 mouse. All segments were irradiated with the thulium laser—different tips and passes were used for specific segments. A 30% SA peel was then applied to the right-hand segments. After treatment, the skin samples were collected from each segment and examined for dermal thickness, collagen density, and melanin content. Greater thickness was seen in the combination therapy group compared with the laser alone group and in those segments receiving more passes with larger beam-sized tip. Collagen density increased in all treated skin segments, irrespective of the group. No adverse events were noted in the treated areas. The sample size was small and mouse skin has histological differences with human skin. The combination of a thulium laser and 30% SA peel has a synergistic effect on dermal thickness, so that can be suggested as a novel skin rejuvenation technique.

Keywords 1927-nm thulium laser · Fractional laser · Fractional photothermolysis · Salicylic acid · Skin rejuvenation · Histology · Mouse

이 논문은 1927-nm Thulium fractional 레이저 단독 치료와 이 레이저에 화학적 필링을 병행한 치료가 피부 재생에 미치는 효과를 비교하였다. 레이저 단독 치료와 비교했을 때, 화학 필링을 병행한 치료군에서 피부 표면의 재생이 더 활발하고, 콜라겐 생성이 증가하는 경향이 나타났다. 두 치료법을 병행할 경우, 표피와 진피의 조직 재생이 더 활발하여 피부 탄력성과 두께가 더 개선되는 것으로 나타났다. 염증 반응은 두 치료법 모두에서 관찰되었으나, 병행 치료군에서 적정 수준의 염증이 재생에 긍정적인 영향을 미쳤을 가능성이 제기되었다. 결론: 1927-nm Thulium fractional 레이저와 화학 필링 병행 치료는 피부 재생과 콜라겐 생성에서 더 높은 효과를 보였으며, 이로 인해 시너지 효과가 있을 수 있다는 예비적인 결론을 제시했다. 추가 연구가 필요하지만, 본 연구는 피부 재생을 위한 비침습적 치료법의 가능성을 제시하며, 미용적 피부 개선 시술의 효율성을 높이는 데 기여할 수 있다. 이 논문은 피부 재생과 관련된 비침습적 시술의 효과를 비교 분석함으로써, 향후 피부과 치료에 있어 다양한 조합 치료법의 가능성을 탐구하는 기초 자료로 활용될 수 있다.

Case Report   Annals of Dermatology 2023;35(Suppl 1):S67-70 • https://doi.org/10.5021/ad.20.291

Check for updates

A Pilot Split-Neck Case Study to Compare the Efficacy of the Long-Pulsed 755 nm Laser and the 532 nm Picosecond Laser for Acrochordon Removal

Jong Heon Park, Jae Yeong Jeong, Hwa Jung Ryu, Il-Hwan Kim

Department of Dermatology, Korea University Ansan Hospital, Ansan, Korea

Received November 18, 2020
Revised July 5, 2021
Accepted August 10, 2021

Corresponding Author
Il-Hwan Kim
Department of Dermatology, Korea University Ansan Hospital, 123 Jeokgeum-ro, Danwon-gu, Ansan 15355, Korea
Tel: +82-31-412-5985
Fax: +82-31-412-5985
E-mail: kumcihk@korea.ac.kr
https://orcid.org/0000-0002-4225-002X

Cutaneous papillomas or acrochorda usually appear after the 4th decade of life in areas with skin folds. Conventional methods of removal are associated with bleeding problems, pain and prolonged sequelae. Thus, acrochorda removal with lasers has gained attention. In this study, we compared the efficacy of two popular laser types with different wavelengths and pulse widths for removal of skin tags. A 60-year-old Korean male noticed skin tags on his neck bilaterally. All tags were treated in a single session, on one side with a picosecond (ps)-domain 532 nm Nd:YAG laser and on the contralateral side with a long-pulsed (LP) 755 nm alexandrite laser. The endpoint for the ps-532 laser was immediate whitening, while that for the LP and quasi-LP (QLP) 755 lasers were visible changes on the surface of the lesion. Antibiotic ointment was applied, dressing was done and clinical photographs were taken. Both lasers effectively removed the skin tags at all settings in a single session without bleeding and with minimal discomfort. Crust formation occurred on both sides with natural shedding within 1 to 2 weeks. Transient erythema lasted longer in the tags treated with the ps-532 laser. At the 5th month of follow-up, residual lesions were detected on the field treated with the ps-532 laser. No persistent side effects such as scarring or postinflammatory hyperpigmentation (PIH) were observed. In conclusion, both the ps-532 nm Nd:YAG and the 755 nm alexandrite lasers ensured safe and effective removal of skin tags in a single session without adverse sequelae.

Keywords: Alexandrite laser, Fibroepithelial neoplasms, Lasers, Nd-YAG laser, Pulsed lasers

이 논문은 755 nm 롱펄스 레이저와 532 nm 피코초 레이저 모두 skin tag 제거에 효과적이었으나, 피코초 레이저는 더 빠른 시술과 높은 정밀성을 보이는 경향이 있었다. 피코초 레이저 치료 부위에서 빠른 회복이 관찰되었고, 색소 침착이나 흉터 형성의 위험이 더 낮은 것으로 나타났다. 롱펄스 레이저는 더 깊이 침투하여 큰 병변에 효과적이지만, 약간의 색소 변화나 장기적인 흉터 가능성이 더 높았다. 피코초 레이저 치료는 상대적으로 통증이 적었으나, 롱펄스 레이저는 환자들이 더 많은 통증을 호소하는 경향이 있었다. 결론: 두 레이저 모두 skin tag 제거에 효과적이지만, 532 nm 피코초 레이저가 더 빠른 회복과 낮은 부작용으로 인해 환자 만족도가 높은 것으로 나타났다. 다만, 더 크고 두꺼운 경우 755 nm 롱펄스 레이저가 적합할 수 있어, 환자 개별 상황에 따라 두 레이저를 선택적으로 사용할 수 있다는 결론을 내렸다.

Clinical efficacy of 1,444nm Nd:YAG laser for xanthelasma palpebrarum

Ji Hyun Park[a,b], Sook in Ryu[a], and Il-Hwan Kim[a]

[a]Department of Dermatology, Korea University Ansan Hospital, Korea University, Ansan-si, Gyeonggi-do, Republic of Korea; [b]Baramonskin Dermatologic Clinic, Seongnam-si, Republic of Korea

ABSTRACT

Xanthelasma palpebrarum (XP) does not regress spontaneously and most patients complain of cosmetic discomfort. This study presents the results of treatment of XP using 1,444 nm Nd:YAG laser. We aim to evaluate the clinical efficacy of a 1,444 nm Nd:YAG laser in XP. Twenty-eight patients with XP treated with 1,444 nm Nd:YAG laser were analyzed retrospectively. A physician scored the results based on the reduction of the initial lesion area under six categories. The results were scored as follows: no effect (0% clearing of xanthelasma area), some response (1–24% clearing), moderate response (25–49% clearing), marked response (50–74% clearing), satisfactory result (75-99% clearing), and excellent result (100% clearing). Twelve patients (42.8%) showed excellent clearance and 10 patients (35.7%) had clearance greater than 75%. Overall, 24 patients (85.7%) showed improvement higher than 50%. Half of the patients (14 patients) ended the treatment with satisfactory results with one treatment session. Including seven patients who ended the treatment after two laser sessions, 21 patients (75%) reported satisfactory results and ended the treatment after 1 to 2 laser sessions. XP treatment with 1,444 nm Nd:YAG laser showed promising results. We believe it can be an effective and safe treatment modality for XP.

ARTICLE HISTORY
Received 26 November 2019
Accepted 23 April 2020

KEYWORDS
Xanthelasma palpebrarum; laser treatment; 1,444 nm Nd:YAG laser

1,444 nm Nd:YAG 레이저는 안검황색종에 효과적이고 안전한 비침습적 방법으로, 병변 크기 감소와 피부 개선에 있어 긍정적인 결과를 보였다. 낮은 재발률과 경미한 부작용으로 인해 환자들이 만족하는 치료 옵션으로 평가되었으며, 향후 안검황색종 치료에 있어 중요한 대안이 될 수 있음을 시사한다. 추가 임상 연구와 장기적인 데이터 확보를 통해 레이저 치료의 효과와 안전성을 더욱 확립할 필요가 있다. 이 논문은 안검황색종에 있어 비침습적 레이저 치료법의 가능성을 확인하고, 이를 임상에서 활용할 수 있는 근거 자료를 제공한다는 점에서 의미가 있다.

1444 nm Nd:YAG laser의 장점은 Selective PhotoThermoCoagultaion(SPTC, 선택적광열응고술)의 개념에서 나온다. SPTC(아래 모식도)는 저자가 제안하는 개념으로 선택적인 pulsed dye laser의 장점과 CO2 laser의 뛰어난 coagulation 효과를 결합시켜 놓아 비교적 selective하게 coagulation이 일어나고, 주변조직으로의 thermal damage를 최소화할 수 있는 장점이 결합한 방식이다. 또한 long pulse에서 서서히 가열하므로 vaporization 되지 않는다. 파장에 따라 laser와 tissue의 상호작용이 달라지는데 500nm이상의 파장에서는 Photothermal effect가 발생하고 CO2 laser와 같이 100도 이상의 열이 가해지면 vaporization이 생긴다. 1,444 nm Nd:YAG laser의 경우 50~100도 사이의 열로 병변의

external surface에 좀더 specific하게 바로 coagulation 및 denaturation을 발생시켜 주변 조직으로의 thermal damage를 줄이고 vaporization이 없어 시술 중 bleeding이 없이 병변을 제거할 수 있다는 장점이 있다. 이러한 SPTC 개념하에 안검황색종과 안면의 다발성 황색종도 치료하였다(아래 논문).

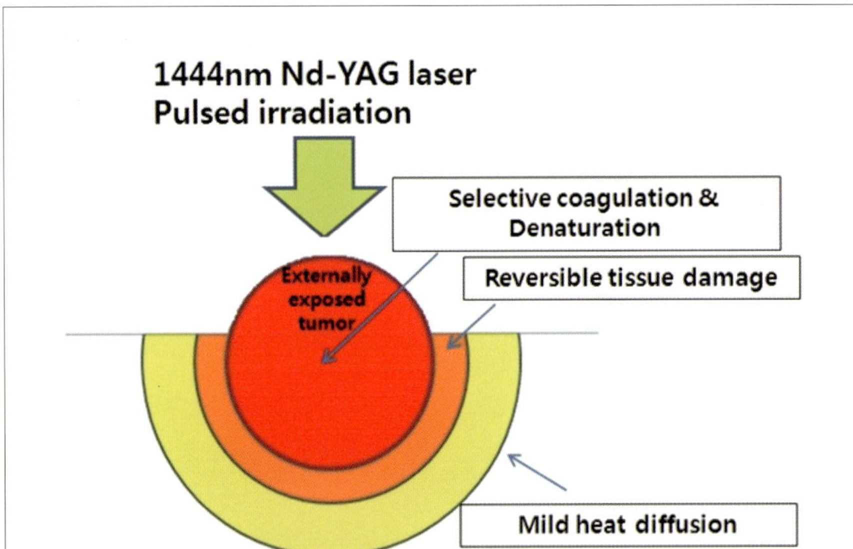

Schematic drawing of SPTC concept

임상 증례 (치료 전/후 사진)

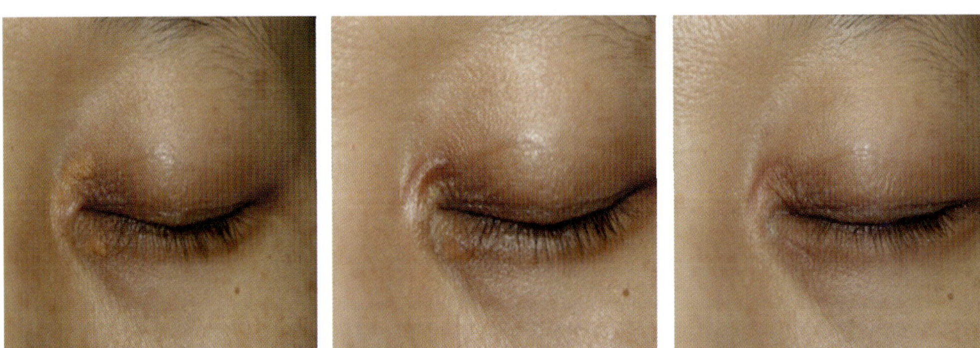

그림 | 국소마취하에서 1달간격의 2회 치료로 완치함.

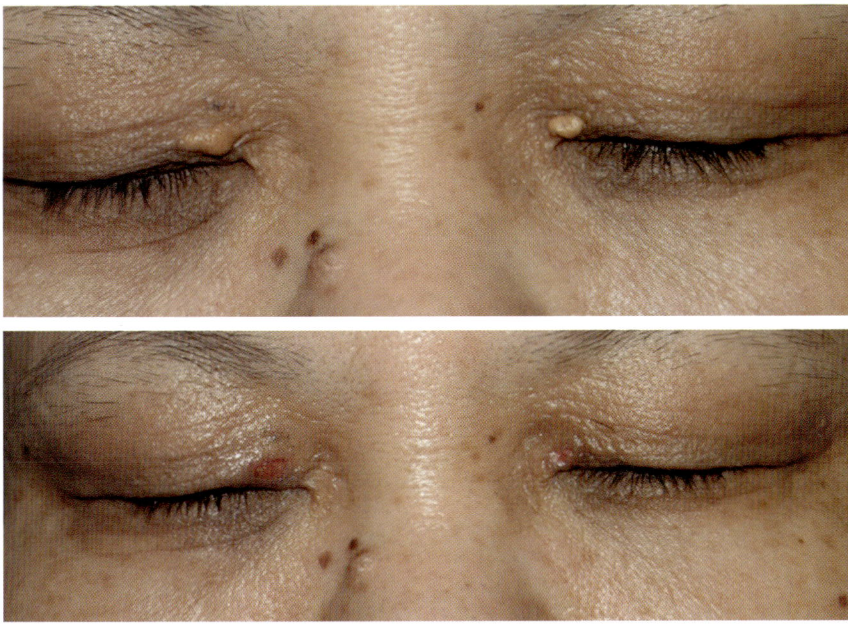

그림 | 국소마취하에서 1회 치료 2주후 완전 제거된 사진.

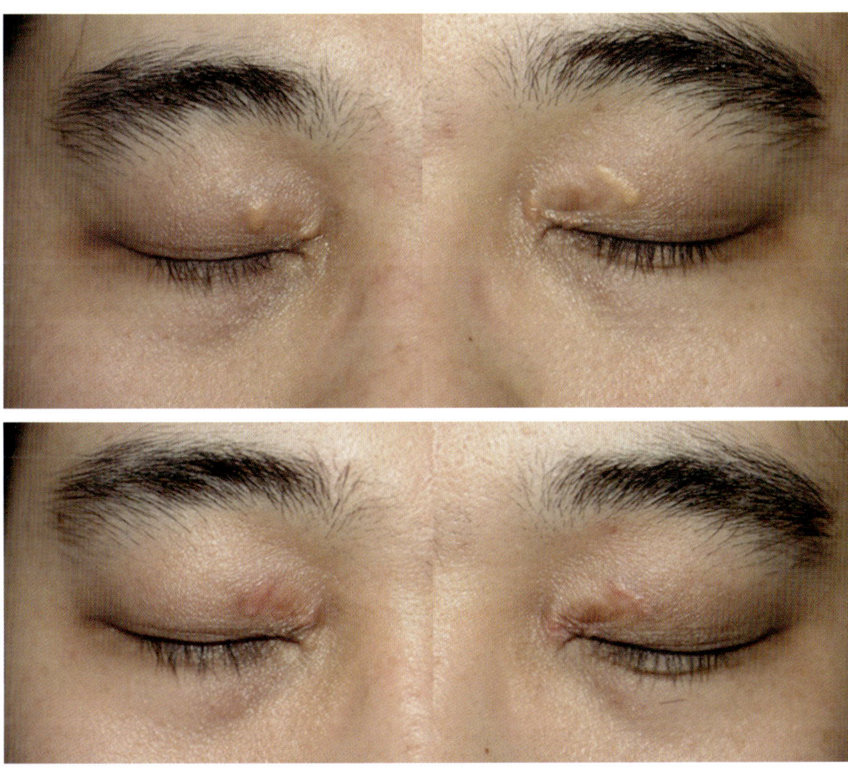

그림 | 부분 재발된 증례로 주변부 재침착된 황색종을 국소마취 후 선택적 광열응고술로 치료함.

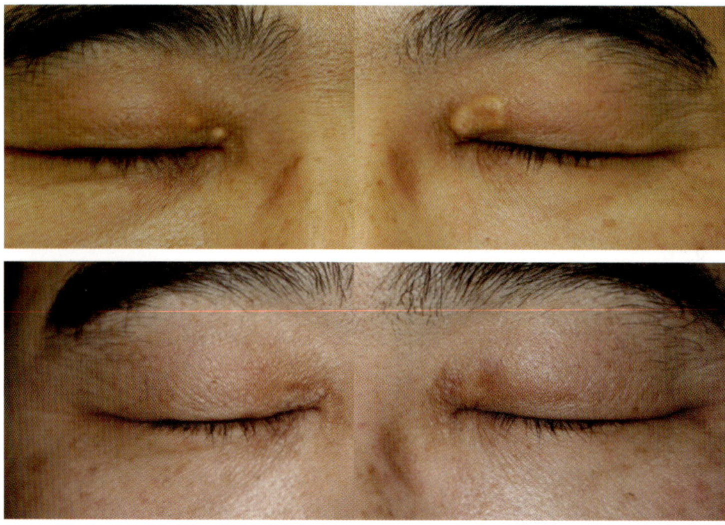

그림 | 국소마취하에서 2회 치료 후 완치된 상태로 경미한 PIH와 흉터를 보임.

Treatment of Diffuse Planar Xanthoma of the Face after One Session of 1,444-nm Neodymium-Doped Yttrium Aluminium Garnet Laser

Ji Min Lee, Seung Hyun Chun, Byoung Joon So, Min Gun Yoo, Sun Yae Kim[1], Il-Hwan Kim

Department of Dermatology, Korea University Ansan Hospital, Korea University College of Medicine, Ansan, [1]Global Plastic Surgery, Seoul, Korea

Dear Editor:

A 41-year-old man presented with a 10-year history of progressive diffuse plane xanthoma of the face, neck, upper extremities, and flank (Fig. 1). His triglyceride, lipoprotein, and cholesterol levels were normal. Other conditions (e.g., monoclonal gammopathy, lymphoproliferative disease, or normolipemic xanthomatous skin disease) were excluded on the basis of findings from lipid electrophoresis and immunoelectrophoresis, blood cell counts, radiography of the skull, and electron microscopy, which were consistent with diffuse idiopathic plane xanthoma. He received multiple CO_2 laser treatments at other hospitals, but with no curative effect. We proposed to remove the plane xanthoma with a 1,444-nm neodymium-doped yttrium aluminium garnet (Nd:YAG) laser (AccuSculpt; Lutronic Corporation, Goyang, Korea). Two 1×1 cm^2 test

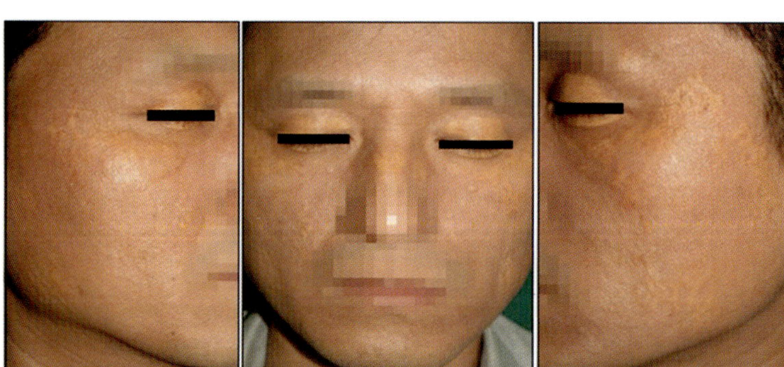

Fig. 1. Plane xanthoma. Yellowish maculopapular lesions had spread over the entire face.

Received December 2, 2014, Revised January 14, 2015, Accepted for publication February 5, 2015

Corresponding author: Il-Hwan Kim, Department of Dermatology, Korea University Ansan Hospital, 123 Jeokgeum-ro, Danwon-gu, Ansan 15355, Korea. Tel: 82-31-412-5986, Fax: 82-31-412-5985, E-mail: kumcihk@ korea.ac.kr

이 논문은 이 연구의 목적은 1,444-nm Nd:YAG 레이저가 확산성 평면 황색종에 대한 단일 세션 치료로 얼굴 부위의 증상 개선에 얼마나 효과적인지 평가하였다. 1,444-nm Nd:YAG 레이저는 주로 물에 흡수되는 파장대로, 피부의 표면과 중간층에 있는 지방과 혈관을 대상으로 작용한다. 단 1회 세션으로 진피층 하부까지 침투하여 지방 세포를 파괴하고, 황색종의 크기를 줄일 수 있다. 치료 후 확산성 평면 황색종의 크기 감소와 색소 침착 개선이 뚜렷하게 나타났다. 환자는 치료 후 미용적 개선을 경험했으며, 얼굴 부위의 노란 결절이 감소하거나 거의 사라졌다. 부작용: 치료 후 붉어짐(홍반)과 일시적인 부종이 있었지만, 대부분 환자에서 짧은 시간 내에 회복되었다. 뚜렷한 흉터나 추가적인 부작용은 발생하지 않았다. 치료 후 환자는 빠른 회복을 경험하였고, 일상 생활로의 복귀가 용이했다. 결론적으로 1,444-nm Nd:YAG 레이저를 이용한 확산성 평면 황색종의 치료는 매우 효과적인 치료법으로, 단일 세션으로도 뛰어난 개선 효과를 보였다. 이 치료법은 비침습적이며, 미용적인 장점과 빠른 회복을 제공하여 기존의 다른 치료법보다 우수한 대안이 될 수 있다. 향후 연구에서는 장기적인 효과와 반복 치료가 필요한지 여부를 평가해야 할 필요가 있다.

CASE REPORT

Combined intense pulsed light and Er:YAG laser treatment of congenital melanocytic nevus

JI MIN LEE[1], IL-HWAN KIM[1], IM JOO RHYU[2] & HWA JUNG RYU[1]

[1]*Department of Dermatology, College of Medicine, Korea University, Ansan Hospital, Ansan, Republic of Korea, and*
[2]*Department of Anatomy, College of Medicine, Korea Univeristy, Seoul, Republic of Korea*

Abstract
Congenital melanocytic nevi (CMN) are benign nevomelanocytic proliferations that are present at birth. CMN are commonly classified according to their size and the management of CMN is diverse, including excision, dermabrasion and laser treatment. Several studies have shown the effectiveness of laser therapy for CMN in cosmetically sensitive and anatomically critical areas. In the present case, combination treatment with intense pulsed light (IPL) and erbium:yttrium-aluminum-garnet (Er:YAG) laser was used, and its effectiveness was evaluated. A 56-year-old man with a CMN on the left malar area was treated with combined IPL and Er:YAG laser treatment once monthly. After ten sessions of treatment, the lesion showed improvement leaving only a grayish hue. Thus, we report a case of CMN on face that was successfully treated with combined IPL and Er:YAG laser treatment.

Key Words: *congenital melanocytic nevus, Er:YAG laser, intense pulsed light, lasers and light sources*

J Cosmet Laser Ther. 2015 Jun;17(3):162-4. IPL 치료: IPL은 다양한 파장의 빛을 사용하여 피부의 색소를 감소시키고, 혈관과 피부의 색소를 타겟으로 하여 색소를 분해합니다. 주로 표피에서 작용합니다. Er 레이저는 2,940 nm 파장을 이용하여 피부 깊은 층의 물과 결합해 수분을 증발시키고, 조직을 증식시키며 피부 재생을 촉진합니다. 이 레이저는 깊은 피부층에 있는 색소를 타겟으로 하여 치료합니다. 결합 치료법은 IPL로 색소를 감소시키고, Er 레이저로 피부 깊은 층의 개선을 촉진하는 방식으로 진행됩니다. 효과: 결합 치료법은 CMN의 색소 감소와 모반 크기 축소에 있어 유의미한 결과를 보였습니다. IPL은 표피의 색소를 감소시키고, Er 레이저는 깊은 층의 조직을 개선하여 색소를 고르게 분포시켰습니다. 미용적 결과: 치료 후 흉터나 부작용이 최소화되었으며, 환자들은 미용적으로 우수한 결과를 경험했습니다. IPL과 Er 레이저의 결합은 기존의 단독 치료에 비해 더 나은 미용적 개선을 가져왔습니다. 부작용: 치료 후 일시적인 홍반(붉어짐)과 부종(부풀어 오름)이 있었지만, 대부분의 환자에서 빠르게 회복되었고, 장기적인 부작용은 거의 없었습니다.

결론: IPL과 Er 레이저의 결합 치료법은 선천성 색소성 모반 치료에서 효과적이고 안전한 대안이 될 수 있습니다. 이 치료법은 색소 감소와 조직 개선을 동시에 촉진하고, 미용적인 결과를 개선하며, 흉터나 합병증을 최소화하는 장점이 있습니다. 단독 레이저 치료나 외과적 절제에 비해 회복 시간이 짧고, 비침습적이기 때문에 환자들에게 더 나은 선택이 될 수 있습니다. 요약:

이 연구는 IPL과 Er 레이저의 결합이 선천성 색소성 모반의 치료에 있어 효과적이고 안전한 방법임을 확인했습니다. 두 치료법의 결합은 색소를 효과적으로 감소시키고 피부 재생을 촉진하여, 흉터나 합병증을 최소화하며, 미용적 결과를 크게 개선하는 장점을 제공합니다. 이 치료법은 기존의 단독 치료에 비해 더 나은 결과를 보여주었으며, 비침습적이고 빠른 회복을 가능하게 합니다.

Minimally Invasive Surgery for Axillary Osmidrosis Using a Combination of Subcutaneous Tissue Removal and a 1,444-nm Nd:YAG Laser

Sang Geun Lee, Hwa Jung Ryu, Il-Hwan Kim

Department of Dermatology, Korea University Ansan Hospital, Korea University College of Medicine, Ansan, Korea

Many treatment modalities have been developed for axillary osmidrosis. It is well known that the surgical treatment has the best results. However, there is a high possibility of side effects. The 1,444-nm lipolysis laser has been recently introduced to remove the apocrine glands. So far, subdermal coagulation treatment with a 1,444-nm Nd:YAG laser may be the least invasive and most effective therapy for axillary osmidrosis. However, according to our previous experience, the recurrence rate was 20%~30%. This emphasizes the need for combination of surgical method and non-surgical method and we combined subcutaneous tissue removal and photothermocoagulation with a 1,444-nm Nd:YAG laser. Three patients for bilateral axillary osmidrosis were enrolled. After an incision of about one-third the length of the widest transverse diameter, the apocrine glands were separated from the skin. And then apocrine glands within the marked area were destroyed by irradiation with a 1,444-nm Nd:YAG laser thereafter. All patients exhibited no relapse of axillary osmidrosis and were satisfied with the treatment results. A combination of subcutaneous tissue removal and Interstitial laser photothermocoagulation with a 1,444-nm Nd:YAG laser could be an effective treatment for mild to moderate axillary osmidrosis. **(Ann Dermatol 26(6) 755~757, 2014)**

Received August 1, 2013, Revised March 24, 2014, Accepted for publication March 25, 2014

Corresponding author: Il-Hwan Kim, Department of Dermatology, Korea University Ansan Hospital, 123 Jeokgeum-ro, Danwon-gu, Ansan 425-707, Korea. Tel: 82-31-412-5180, Fax: 82-31-412-5185, E-mail: kumcihk@korea.ac.kr

-Keywords-
1,444-nm Nd:YAG laser, Axillary osmidrosis

INTRODUCTION

Axillary osmidrosis is a clinical disorder characterized by excessive or abnormal odor (foul) due to the microbial action in the apocrine glands. Axillary odor is common in postpubertal persons among the black and white populations; however, in Asians, the malodor could have a negative impact on the lives of affected persons. Different treatments have been described to improve this condition, including surgical or nonsurgical therapy. The gold standard in surgical treatment is minimal skin excision combined with subcutaneous curettage; however, this method has the major disadvantage of scar formation and other adverse effects. Recently, the use of 1,444-nm Nd:YAG laser in the removal of apocrine glands present only in hypodermic fatty layers, as a possible nonsurgical treatment of osmidrosis, has been reported; however, the problem of frequent recurrence remains. To reduce recurrence, we combined the methods of minimally invasive subcutaneous tissue removal and 1,444-nm Nd:YAG laser photothermal coagulation.

CASE REPORT

Three patients (1 male, two females; six axillae) who met the criteria for bilateral axillary osmidrosis and were suitable for surgery were treated in 2012 at the Depart-

액취증의 전통적인 치료법은 침습적이거나 재발 가능성이 있다. 이 연구는 피하조직 제거술과 1,444-nm Nd:YAG 레이저를 결합한 최소 침습 수술법의 효능과 안전성을 평가했다. 대상: 액취증을 가진 환자들을 대상으로 연구가 진행되었다. 피하조직 제거 후 1,444-nm Nd:YAG 레이저를 사용하여 수술을 시행했다. 평가: 치료 전후의 냄새 감소 정도, 부작용, 재발율을 평가했다. 효능: 대부분의 환자에서 냄새가 현저히 감소하였고, 효과는 장기간 지속되었다. 경미한 부작용이 보고되었으며, 심각한 합병증은 발생하지 않았다. 재발율은 낮았으며, 대부분의 환자가 만족스러운 결과를 보고했다. 이 새로운 결합 치료법은 기존의 침습적 수술에 비해 부작용이 적고, 환자의 만족도가 높아 유망한 대안이 될 수 있다. 이 연구는 피하조직 제거와 1,444-nm Nd:YAG 레이저 결합 수술이 액취증 치료에 있어 효과적이고 기존의 치료법에 비해 최소 침습적이며, 장기적인 효과를 제공하는 새로운 치료 옵션이다라고 주장한다. 추가 연구를 통해 더 많은 데이터를 확보하고, 다양한 환자군에 대한 적용 가능성을 평가할 필요가 있다.

A Prospective, Long-Term Follow-Up Study of 1,444 nm Nd:YAG Laser: A New Modality for Treating Axillary Bromhidrosis

Sung Kyu Jung, Hee Won Jang, Hee Joo Kim, Sang Geun Lee, Kyung Goo Lee, Sun Yae Kim, Sang Min Yi, Jae Hwan Kim, Il-Hwan Kim

Department of Dermatology, Korea University College of Medicine, Seoul, Korea

Background: Surgery for bromhidrosis has a high risk of complications such as hematoma and necrosis. New nonsurgical methods may reduce the burden on surgery and the risks for the patient. **Objective:** This study was performed to evaluate the efficacy and side-effects of the 1,444 nm Nd:YAG interstitial laser for treating axillary bromhidrosis. **Methods:** Eighteen bromhidrosis patients were treated with a 1,444 nm Nd:YAG laser at Korea University Ansan Hospital. The post-treatment follow-up was 6 months. After the procedure, we confirmed apocrine gland destruction through histopathological examination. At each follow-up, we measured the severity of the remaining odor, post-operative pain, degree of mobility restriction, and overall satisfaction. **Results:** After 180 days of follow-up, malodor elimination was good in 20 axillae, fair in 12 axillae, and poor in four axillae. At the end point of the study, 14 patients were totally satisfied with the laser treatment, three patients were partially satisfied, and one patient was disatisfied. Pain and limitation of mobility were significantly reduced within 1 week post-operatively, and were almost resolved within 4 weeks post-operatively. A histopathological examination revealed decreased density and significant alterations to the apocrine glands. **Conclusion:** Subdermal coagulation treatment with a 1,444 nm Nd:YAG interstitial laser may be a less invasive and effective therapy for axillary bromhidrosis. (Ann Dermatol 26(2) 184~188, 2014)

-Keywords-
Bromhidrosis, Interstitial laser, Solid-state lasers, 1,444 nm

Received October 9, 2012, Revised April 12, 2013, Accepted for publication April 15, 2013
Corresponding author: Il-Hwan Kim, Department of Dermatology, Korea University Ansan Hospital, 123 Jeokgeum-ro, Danwon-gu, Ansan 425-707, Korea. Tel: 82-31-412-5180, Fax: 82-31-412-5985, E-mail: kumcihk@korea.ac.kr

INTRODUCTION

Axillary bromhidrosis is a condition in which body odor is induced by the interaction between apocrine gland secretions and bacteria. Topical treatment, microwave therapy, laser therapy, ultrasonic and/or liposuction curettage and surgical intervention are the current therapeutic options for axillary bromhidrosis. The surgical option is the most effective method. But, it has a high risk of complications including hematoma and necrosis.

New nonsurgical methods may reduce the burden on surgery and the risks for the patient. Laser surgery for axillary bromhidrosis or hyperhidrosis using a CO_2 laser and a 1,064 nm Nd:YAG laser have been reported[1,2]. However, these types of lasers do not specifically target apocrine glands in the dermal fat layers. Therefore, while treatment with these lasers reduce the occurrence of complications, patients are more likely to suffer from recurrence of malodor. In this study, we used a 1,444 nm Nd:YAG laser that has primarily been used for facial lipoplasty and laser liposuction procedures. Removing apocrine glands only within the hypodermic fatty layers using this fiber type of laser has been reported[3]. Furthermore, the lipolytic effect of the

액취증(겨드랑이 냄새)은 사회적으로 불편함을 초래하는 질환으로, 기존의 치료법들은 침습적이거나 효과가 일시적인 경우가 많아, 새로운 치료법이 필요하다. 이 논문은 1,444 nm Nd 레이저를 이용한 새로운 치료법의 장기적 효과를 평가했다. 1,444 nm Nd:YAG 레이저가 액취증 치료에 있어 장기적인 효능과 안전성을 평가하기 위해 진행된 전향적 연구이다. 대상자 중 환자에서 냄새의 감소가 관찰되었으며, 치료 효과는 장기간 지속되었다. 치료 중 및 치료 후의 부작용은 경미하였으며, 심각한 합병증은 보고되지 않았다. 일부 환자에서 재발이 있었으나, 전체적으로 낮은 수준이었다. 1,444 nm Nd 레이저는 액취증 치료에 있어 효과적이고 안전한 방법으로 나타났다. 장기적인 추적 관찰 결과, 대부분의 환자에서 만족할 만한 결과를 보였으며, 부작용도 최소화되었다. 이 치료법은 기존의 치료법에 비해 비침습적이며, 재발율도 낮아 유망한 치료 옵션으로 고려될 수 있다. 이 연구는 1,444 nm Nd 레이저 단독 치료로도 액취증 치료에 있어 장기적으로 효과적이고 안전한 새로운 치료법이 될 수 있음을 시사한다. 추후 더 많은 환자군에 대한 장기적인 효용성에 대해 평가할 필요가 있다.

Subdermal Coagulation Treatment of Axillary Bromhidrosis by 1,444 nm Nd:YAG Laser: A Comparison with Surgical Treatment

Kyung Goo Lee, Sun Ae Kim, Sang Min Yi, Jae Hwan Kim, Il-Hwan Kim

Department of Dermatology, Korea University College of Medicine, Seoul, Korea

Bromhidrosis is a disease presenting as malodor caused by interaction between the discharge of apocrine glands and bacteria. The main therapeutic modalities are applying topical agents, liposuction surgery, and elective surgery. Among these, elective surgery is reported to be most effective. However, the efficiency largely depends on surgical technique. Additionally, other side effects, such as hematoma and scarring, are occasionally reported. Currently, CO_2 laser and 1,064 nm Nd:YAG laser therapy are used, but as the wavelength is not specific to apocrine glands, these laser therapies have certain limitations. Recently, a 1,444 nm wavelength Accusculpt™ laser (LutronicCorp., Seoul, Korea) has been developed which is now commonly used for facial fat plasty and laser liposuction therapy. The use of this laser for bromhidrosis therapy targeting apocrine sweat glands is currently being discussed. Still, no studies on practical clinical use and side effects of this 1,444 nm wavelength laser have been published. In this report, we treated one bromhidrosis patient with 1,444 nm wavelength Accusculpt™ laser therapy on one side while conventional surgery was performed on the other side using a modified Inaba's method. We compared the efficacy of this laser therapy to the surgical modality by measuring malodor severity and overall satisfaction by questionnaire. We also checked for other complications and recurrence for 12 months after the treatment. This patient was largely satisfied as it has a much shorter down time with the same therapeutic outcome. As subdermal coagulation treatment by 1,444 nm Nd:YAG laser may be less invasive but effective therapy, we would like to recommend this modality as a possible treatment option. (**Ann Dermatol 26(1) 99～102, 2014**)

Received June 23, 2011, Revised September 23, 2011, Accepted for publication October 20, 2011

Corresponding author: Il-Hwan Kim, Department of Dermatology, Korea University Ansan Hospital, 123 Jeokgeum-ro, Danwon-gu, Ansan 425-707, Korea. Tel: 82-31-412-5186, Fax: 82-31-412-5986, E-mail: kumcihk@korea.ac.kr

-Keywords-
Bromhidrosis, Nd:YAG, Subdermal coagulation, 1,444 nm

INTRODUCTION

Axillary bromhidrosis is a condition that generates an offensive odor due to interactions between apocrine gland secretions and bacteria. Topical treatment, laser therapy, ultrasonic and/or liposuction curettage, and surgical intervention are currently being used to treat this condition. Laser therapy for axillary bromhidrosis with either a CO_2 laser or 1,064 nm Nd:YAG laser has been reported[1]. However, treatment using a 1,444 nm Nd:YAG laser has not been reported. Herein, we report a patient treated with a 1,444 nm Nd:YAG laser for axillary bromhidrosis and compared its effectiveness and complications with those of conventional surgical intervention.

CASE REPORT

A 25-year-old female presented with malodor in both axillae aggravated since adolescence. She had no medical

Ann Dermatol. 2014 Feb 17;26(1):99-102 에 발표한 논문으로 액취증 치료의 새로운 효과적인 을 장파장 1444Nd:YAG 레이저 치료는 수술적 방법과 유사한 수준의 효과를 보였으며, 악취 감소와 땀 분비 억제가 두 방법 모두에서 유사하게 나타났습니다. 회복 기간: 레이저 치료는 비침습적이기 때문에 수술에 비해 회복이 빠르고, 일상생활 복귀가 더 빠르게 이루어졌습니다. 흉터 및 미용적 결과: 수술적 치료에 비해 레이저 치료는 흉터 발생이 적고 미용적으로 우수한 결과를 보였습니다. 수술 후에는 흉터가 남는 반면, 레이저 치료 후에는 흉터가 거의 남지 않았습니다. 부작용: 레이저 치료는 통상적으로 통증이 적고, 부작용이 적으며, 환자들의 만족도가 높았습니다.

결론: 1,444 nm Nd 레이저를 이용한 피하 응고 치료는 겨드랑이 악취증 치료에 있어 효과적이고 안전한 방법으로, 기존의 수술적 치료에 비해 짧은 회복 시간과 적은 흉터라는 미용적 장점을 제공합니다. 이 치료법은 비침습적이고, 환자 만족도가 높아 수술적 치료의 대안으로 유망한 방법이 될 수 있습니다. 본 연구는 1,444 nm Nd 레이저를 사용한 피하 응고 치료가 겨드랑이 악취증에 효과적인 치료법임을 확인했으며, 기존의 수술적 치료에 비해 빠른 회복과 적은 흉터 등의 장점을 제공합니다. 레이저 치료는 미용적으로 우수하고 환자에게 부담이 적은 방법으로, 수술적 치료의 대체 치료법으로서 유망합니다.

Successful Treatment of Multiple Cutaneous Neurofibromas Using a Combination of Shave Excision and Laser Photothermocoagulation with a 1,444-nm Neodymium-Doped Yttrium Aluminum Garnet Laser

HEE JOO KIM, MD, KYUNG GOO LEE, MD, SANG MIN YI, MD, JAE HWAN KIM, MD, AND IL-HWAN KIM, MD, PHD*

The authors have indicated no significant interest with commercial supporters.

Neurofibromatosis type 1 (NF-1) is an autosomal-dominant disorder of chromosome 17q11.2. Multiple cutaneous neurofibromas, one of the most characteristic clinical features, are mainly a cosmetic problem.[1] Because of their sheer number and visibility, cutaneous neurofibromas are a major source of morbidity and psychological concern in NF-1, and most patients are willing to undergo removal of as many neurofibromas as possible. Although excision could completely remove the neurofibroma, it is time consuming and painful, and treatment of dozens of lesions at the same time is difficult.

Report of a Case

A 35-year-old Asian man presented with a 20-year history of hundreds of cutaneous neurofibromas with café au lait macules (Figure 1A, C). He had a family history of NF-1 in his grandfather, father, and older brother. On physical examination, axillary freckling and scoliosis were also found, and he was diagnosed with NF-1. He experienced psychological distress regarding his morphology and was unable to wear short-sleeved shirts or shorts. He was willing to undergo removal of as many neurofibromas as possible without scarring. He had been treated by surgical excision of neurofibromas eight times, with five to seven lesions treated each time, but wished to undergo removal of more lesions in a single procedure without inconvenience.

Method

Given his wish to undergo removal of as many neurofibromas as possible, a cost-effective, rapid, repeatable, and less-painful modality was desirable. He underwent treatment with a 1,444-nm neodymium-doped yttrium aluminum garnet (Nd:YAG) laser (150 mJ, 20 Hz, 3 W of energy) after shave excision of the protruding part of the cutaneous neurofibroma (Figure 2). Fifteen lesions were treated more rapidly than treatment with conventional excision, approximately 2 minutes for each. Treatment was well tolerated, with no periprocedural pain, and wound care was easy. Seven months after the treatment, there was no visible recurrence of tumor or scar (Figure 1B, D). Some of the lesions on the chest treated using excision

Dermatol Surg 2012 Jun;38(6):960-3에 보고한 증례연구로 면도 절제술과 장파장 1,444-nm Nd:YAG 레이저를 결합하여 다발성 피부 신경섬유종을 치료한 경험을 보고하였다. 면도 절제술로 신경섬유종의 표면 부분을 제거하여 종양 크기를 줄이고 1,444-nm Nd:YAG 레이저로 기저부의 남은 신경섬유종 부위를 응고시킴으로써 기존 수술적 제거보다 미용적 결과를 더 개선할 수 있었다. 1,444-nm Nd:YAG 레이저는 장파장 레이저로 물과 헤모글로빈을 타겟으로 하여 광열응고(photothermocoagulation) 효과를 유도하고, 주변 피부에 최소한의 손상을 줄 수 있으나 많은 경험과 기술에 대한 이해와 숙달에 시간이 필요하다.

결과적으로 이 방법은 3cm이하 크기의 신경섬유종의 크기를 효과적으로 줄였고, 치료 부위의 흉터를 최소화하며 미용적으로 개선된 결과를 보였다. 치료 후 재발은 거의 없었고, 환자들은 수술 후 빠른 회복을 경험했다. 치료는 통증이 적고, 부작용도 거의 없었다. 향후 더 많은 환자와 장기 추적 연구를 통해 이 치료 방법의 지속 가능성과 최적화된 레이저 파라미터를 규명하는 것이 필요하다.

Minimally Invasive Surgery for Axillary Osmidrosis: Combined Operation with CO_2 Laser and Subcutaneous Tissue Remover

IL HWAN KIM, MD, SEUNG LEE SEO, MD, AND CHIL HWAN OH, MD

Department of Dermatology, College of Medicine, Korea University, Seoul, South Korea

BACKGROUND. **Axillary osmidrosis is a distressing problem characterized by unpleasant odor, profuse sweating, and occasionally staining of clothes that may handicap those affected both socially and psychologically. Various types of surgical procedures have been developed for the treatment of axillary hyperhidrosis and osmidrosis.**

OBJECTIVE. **To introduce a new odor measurement method and minimally invasive surgery technique for axillary osmidrosis.**

METHODS. **Eighty-eight patients with axillary osmidrosis were treated by combined operation using a carbon dioxide (CO_2) laser and subcutaneous tissue remover. Measurement of axillary odor was done with the cotton-roll method.**

RESULTS. **Eighty-seven of the 88 patients (98.8%) had good to fair results; only one patient (1.2%) had poor results. Complications such as ecchymosis and partial skin necrosis with delayed wound healing occurred in four patients (4.6%).**

CONCLUSION. **A combined technique using a CO_2 laser and subcutaneous tissue remover has the advantages of a high success rate, low complication rate, no admission treatment, less scarring, and rapid recovery. This combined approach should become the preferred technique for the treatment of axillary osmidrosis.**

AXILLARY HYPERHIDROSIS is often accompanied by excessive axillary odor, referred to as osmidrosis, and Asian people tend to seek treatment for osmidrosis rather than hyperhidrosis. Such a condition produces personal and social handicaps of great significance to those affected. Numerous treatments have been devised to treat axillary hyperhidrosis and osmidrosis.[1] Medical treatment is often inadequate and various types of surgical procedures have been developed.[2] Most of these procedures are accompanied by a certain degree of morbidity, including noticeable scarring,[3] hematoma and abscess formation,[3,4] skin flap necrosis,[3–5] and delayed secondary sutures.[3]

We introduce a new odor measurement method with cotton rolls and a minimally invasive surgery technique using carbon dioxide (CO_2) laser and subcutaneous tissue removal for the treatment of axillary osmidrosis. This method is a more effective surgical technique for axillary osmidrosis than extant subcutaneous tissue resection techniques.

Materials and Methods

Eighty-eight patients with axillary osmidrosis treated at the Department of Dermatology, Korea University Ansan Hospital from July 1996 to October 1998 were included in the study. Patients ranged in age from 16 to 57 years, with an average age of 31.3 years; 37 patients (42%) were female and 51 patients (58%) were male (Table 1).

Measurement of Axillary Odor

Axillary apocrine odor was classified in four grades (minimal to severe) using the following cotton-roll method (devised by the authors). The cotton rolls are inserted in both armpits. After 10 minutes, two doctors and one nurse determined the degree of odor. Minimal grade odor was when the odor from the cotton roll was barely noticed. Mild grade odor was when the odor from the cotton roll was smelled at less than 15 cm distance. Moderate grade odor was when the odor from the cotton roll was smelled at more than 15 cm distance. Severe grade odor was when the odor from the cotton roll could be smelled at more than 30 cm distance. We diagnosed patients with more than mild grade odor as candidates for surgical treatment.

Surgical Procedures

The patient was placed in a supine position with the arms abducted about 110 degrees. The axillary hair was shaved, and we drew the surgical margin 1.0 cm lateral to the hairline. Then a tumescent anesthesia [formula: 0.5 L of 0.9% normal saline, 25 ml of 2% lidocaine (epinephrine 1:200,000), and 5 mmol/L of sodium bicarbonate] using a 2.1 mm canula was infiltrated subcutaneously in the area of the axilla.

Address correspondence and reprint requests to: Il-Hwan Kim, MD, Department of Dermatology, Korea University Ansan Hospital, 516 Gojan-dong Ansan-city Kyunggi-do, 425-020, South Korea, or email: ihk10029@aol.com.

Dermatologic Surgery 25(11):p 875-879, November 1999년에 발표한 논문으로 당시 우리 교실에서 시행하던 Inaba식 피하조직 제거기를 이용한 수술법의 단점과 한계를 극복하기 위해 고안되었다. 그 결과 CO_2 레이저와 피하조직 제거기를 결합한 방법은 기존의 수술법에 비해 출혈이 적고, 수술 후 회복이 빠르며, 치료 효과가 오래 지속된다는 결과를 보였다. 환자들은 악취의 감소와 함께 만족스러운 결과를 얻었으며, 수술 후 합병증이나 부작용이 적었다. CO_2 레이저와 피하조직 제거기를 결합한 최소 침습적인 수술 방법은 겨드랑이 악취증 치료에서 효과적이고 안전한 대안이 될 수 있음을 시사한다. 이 방법은 기존의 수술에 비해 회복이 빠르고, 환자들의 삶의 질을 향상시키는 데 긍정적인 영향을 미칠 수 있다.